Chimie Générale

Dr.Stiti Mohamed Zakaria

Préface

Ce livre est une introduction à la chimie. S'adresse aux étudiants de licence L1 (Génie électrique, Physique, Chimie, Métallurgie, Mécanique, etc.,) Il sera également utile aux chercheurs en laboratoire de recherche fondamentale ou appliquée confrontés à des questions de structure de la matière au cours de leurs travaux.

Cet ouvrage traite toutes la matière requise pour l'enseignement de la chimie , constituée de six chapitres, positionnées entre un ouvrage d'initiation et un ouvrage de recherche, apporte un approfondissement de la structure de la matière nécessaire aux différentes disciplines relatives aux sciences chimiques ou des matériaux. Une série d'ouvrages de référence abordant l'ensemble des notions et des méthodes.

Très pédagogique, il s'appuie sur un texte clair et concis, illustré de nombreux schémas didactiques. Les bases théoriques sont présentées de manière logique et progressive au fil des chapitres, avec des exercices corrigés dans chaque chapitre.

Le premier chapitre étudie les Notions fondamentales de la structure de la matière, une présentation des différents types de transformations, les concentrations et les différents types de solutions.

Le deuxième chapitre est consacré à l'étude de la structure de l'atome Mise en évidence ; expérience de J.J. Thomson et l'expérience de Rutherford

Le troisième chapitre est abordée l'étude des différents types de radioactivité.

Le quatrième et le cinquième chapitre représentent la structure électronique de l'atome, notion de la probabilité de présence, les différentes règles de construction et la classification périodique des éléments.

Enfin ; Le sixième chapitre décrit les différents types de la liaison chimique.

Sommaire

Sommaire

Chapitre 1 : Notions fondamentales

Chapitre 2 : Structure de l'atome

Chapitre 3 : Radioactivité

Chapitre 4 : Structure électronique de l'atome

Chapitre 5 : Classification périodique des éléments

Chapitre 6 : Liaison chimique

Chapitre 1
Notions fondamentales

I. Définition de La matière

La matière constituée tous ce qui possède une masse et qui occupe un volume dans l'espace.

La matière peut exister sous trois états physiques différents :

- **L'état solide** : possède un volume et une forme définis.
- **L'état liquide** : possède un volume définis mais aucune forme précise, il prend la forme de son contenant
- **L'état gazeux** : n'a ni volume ni forme définis, il prend le volume et la forme de son contenant.

II. Changements d'état de la matière

Les changements d'état sont des changements physiques importants qui se produisent à des températures qui sont caractéristiques de la substance.

Exemple: Température de fusion de l'eau: 0 °C

Température de fusion du cuivre: 1084 °C

II.a. Changement physique

Un changement physique est une transformation qui ne change pas la nature d'une substance, il implique simplement un changement dans son état, sa forme ou ses dimensions physiques.

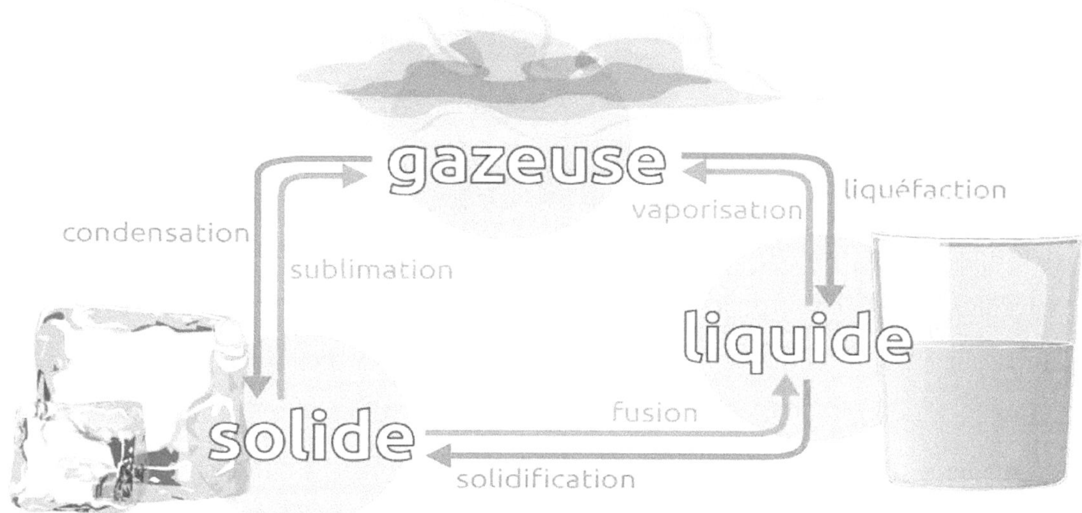

Figure I.1 : Changements d'état

II.b. Changement chimique

Un changement chimique est une transformation qui change la nature d'une substance au moyen d'une réaction chimique,

Exemple : Corrosion : le fer donne la rouille.

Combustion : le bois brule pour donner de la cendre et des gaz.

On peut reconnaitre un changement chimique à certains indices :

- Formation d'un gaz
- Formation d'un précipité
- Changement de couleur
- Production de l'énergie se forme de lumière et de chaleur.

III. Classification de la matière

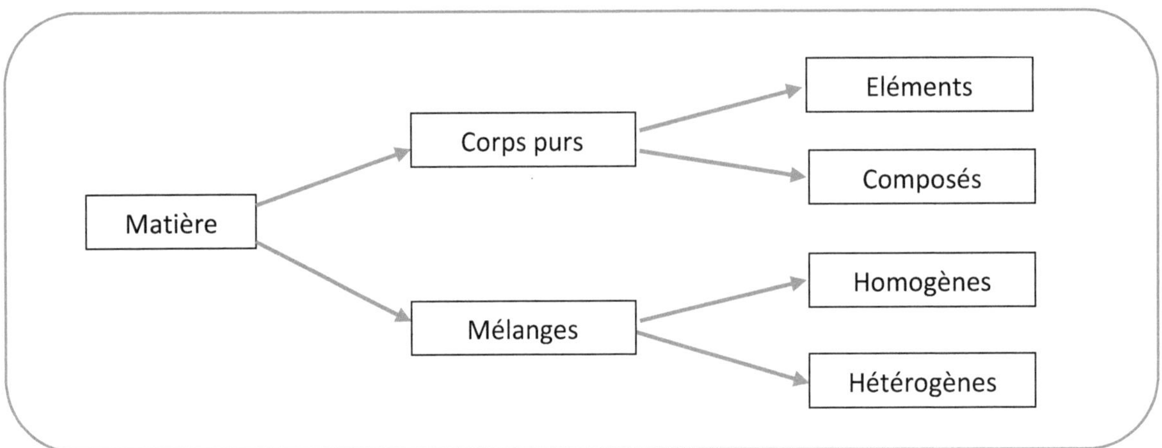

✓ Un corps pur est un corps constitué d'une seule sorte d'entité chimique (atome, ion ou molécule).

Un corps pur est soit un élément (corps pur simple ex : Cu, Fe, H_2, O_2…) soit un composé (constitué de plusieurs éléments exemple : l'eau pure H_2O)

✓ Un mélange est un corps constitué de plusieurs sortes d'entités chimiques mélangé ensemble.

Les mélanges sont soit Homogène (l'eau et le sel…) soit Hétérogène (possède deux ou plusieurs phases distinctes exemple : l'eau et l'huile…)

IV. Notion d'atome, molécules, mole et nombre d'Avogadro

IV.1 -L'atome et la plus petite partie d'un élément qui puisse exister. Les atomes s'associer pour donner des molécules, une molécule est par conséquent une union d'atomes.

-La mole est l'unité de mesure de la quantité de matière.

-Le nombre d'atomes contenus dans une mole est appelé le Nombre d'Avogadro (NA)

$$NA = 6{,}023 \times 10^{23}$$

$$1 \text{ mole (d'atomes, ions, molécules....)} = 6{,}023 \times 10^{23} \text{ (atomes, ions, molécules....)}$$

Le nombre de mole est le rapport entre la masse du composé et sa masse molaire

$$N = m/M \qquad \ldots\ldots\ldots Eq\ I.1$$

n : nombre de moles

m: masse de composé en g

M: masse molaire du composé en g/mol

*Cas des composés gazeux : Loi d'Avogadro-Ampère

Dans des conditions normales de température et de pression, une mole de molécules de gaz occupe toujours le même volume. Ce volume est le volume molaire (Vm) :

$Vm = 22{,}4$ l/mol

Dans ces conditions, le nombre de moles devient :

$$n = v/V = v/22.4 \qquad \ldots\ldots\ldots Eq\ I.2$$

*unite de masse atomique (u.m.a)

Les masses des particules (électron, proton, neutron…) ne sont pas dc tout à notre échelle, on utilise donc une unité de masse différente au Kg mais mieux adaptée aux grandeurs mesurées, c'est l'u.m.a

$$1 \text{ u.m.a} = 1/12\ M_C = 1/NA = 1,66 \times 10^{-24} \text{ g} = 1{,}66 \times 10^{-27} \text{ Kg} \ldots\ldots Eq\ I.3$$

M_C: masse molaire de carbone

IV.2 masse molaire atomique et masse molaire moléculaire

- La masse molaire atomique: est la masse d'une mole d'atomes.

Exemple : $M_C = 12{,}0$ g.mol^{-1} et $M_O = 16{,}0$ g.mol^{-1} M_O: masse molaire de l'oxygène

- La masse molaire moléculaire: est la masse d'une mole de molécules.

Exemple : La masse molaire de l'eau H_2O: $M_{H2O} = 2.1 + 16 = 18$ g.mol^{-1}

V.   Loi de conservation de la masse (Lavoisier), réaction chimique

On peut écrire une équation qui montre le bilan d'une réaction chimique :

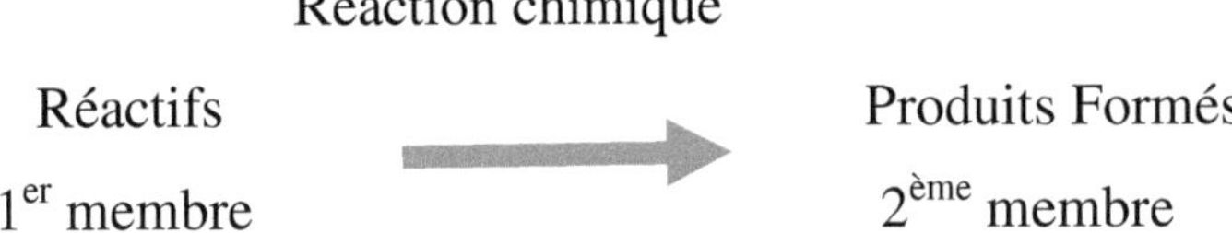

Cette équation bilan obéit à deux lois :

- Dans une réaction chimique, les éléments se conservent

- Dans une réaction chimique, la masse des réactifs disparus est égale à la masse des produits formés (Loi de Lavoisier)

VI. Aspect qualitatif et quantitatif de la matière

VI.1 Les solutions

Une solution est un mélange homogène de deux ou plusieurs constituants. En phase liquide, gazeuse, ou solide).

- Le solvant est toute substance liquide qui a le pouvoir de dissoudre d'autres substances.
- Le soluté est une espèce chimique (moléculaire ou ionique) dissoute dans un solvant. Le solvant est toujours en quantité très supérieure au(x) soluté(s).
- Ce mélange homogène (solvant + soluté) est appelé solution aqueuse si le solvant est l'eau.

VI.1.a Solution aqueuse

une solution aqueuse est une phase liquide contenant plusieurs espèces chimiques majoritaire, l'eau (H_2O, le solvant), et des espèces minoritaires, les solutés ou « espèces chimiques dissoutes ».

L'étude des solutions aqueuses constitue la majeure partie de la chimie.

VI.1.b Dilution

La dilution est un procédé consistant à obtenir une solution finale déconcentration inférieure à celle de départ, soit par ajout de solvant, soit par prélèvement d'une partie de la solution et en complétant avec du solvant pour garder le même volume. La dilution se caractérise par son taux de dilution. Cette notion présuppose que le corps dilué soit soluble dans le solvant utilisé.

VI.1.c Saturation

Une solution saturée est obtenue par dissolution d'un soluté dans un solvant ; la solution est saturée lorsque le soluté introduit ne peut plus se dissoudre et forme un précipité.

VI.2 Les concentrations

Les concentrations sont des grandeurs avec unités permettant de déterminer la proportion des solutés par rapport à celle du solvant, Selon la nature de l'unité choisie, on distingue :

- La molarité (CM) : exprime le nombre de mole du soluté par litre de solution.
- La molalité (Cm) : exprime la quantité de soluté contenue dans 1000 g de solvant.
- La normalité (N) : exprime le nombre d'équivalents grammes de soluté par litre de solution (éq.g/l) , L'équivalent-gramme est la quantité de substance comprenant une mole des particules considérées (H^+, OH^-, e^- …… etc.)
- Le pourcentage % d'une solution indique la masse de substance pour 100g de solution. Il s'agit d'une comparaison poids–poids
- La fraction molaire (Xi) : indique le rapport entre le nombre de moles et le nombre total de mole de la solution.

Remarques

- Une solution est dite molaire pour un soluté donné lorsque CM= $1mol.L^{-1}$
- Elle est dite décimolaire lorsque CM= $10^{-1}mol.L^{-1}$
- Elle est dite millimolaire lorsque CM= $10^{-3}mol.L^{-1}$
- Lorsque les substances sont présentes sous forme de trace dans une solution, il est courant d'utiliser les notions Parties par million = ppm = 1 mg/L, Parties par billion = ppb = n g/L et Parties par trillion = ppt = 1 ng/L
- Dans une solution, on a : Σ Xi= 1 (La somme des fractions molaires de toutes les composantes de la solution est toujours égale à 1).

Tableau I.1 : Formules des Concentrations

Concentrations	Formules ou Equations	Observations
Concentration Molaire ou Molarité Unité : mol /L ou M (mmol/ml=mol/L)	$C_M = n$ cmol)/V (L) $n = m/M$	
Concentration Molale ou Molalité Unité : molale ou mol/Kg	$Cm = n_{soluté} / m_{solvant}$	
Concentration Normale ou Normalité Unité : éq.g/L ou N	$N = éq.g_{soluté} / V_{solution}$ $1\ éq.g = M/ \upsilon$	υ : La valence ou le nombre d'électrons de valence mis en jeu
Concentration Massique Unité : g/L	$C = m/v = (n \times M)/v = Cm \times M$	
Masse Volumique (ρ) Unité : g/ml ou g/cm^3 Densité (d)	$\rho = m_{soluté} / V_{soluté}$ $\rho_{eau} = 1000g/L$ ou $\rho_{eau} = 1g/cm^3$ ou $\rho_{eau} = 1000kg/m^3$ $d_{liquide} = \rho_{liquide} / \rho_{eau}$	La densité n'a pas d'unité
Fraction Molaire	$Xi = ni/ \Sigma ni$	
Fraction Massique = Pourcentage massique	$m/m\ \% = (m_{soluté} / m_{solution}) \times 100$	Lorsqu'on dispose du volume de la solution, on peut le transformer en masse à l'aide de la densité de la solution
Fraction Volumique	$v/v\ \% = (V_{soluté}/V_{solant}) \times 100$	

VI.3 Dilution d'une Solution Aqueuse

La dilution d'une solution aqueuse consiste à en diminuer la concentration par ajout de solvant (eau). La solution initiale de concentration supérieure est appelée solution-mère.

La solution finale de concentration inférieure est appelée solution-fille (solution diluée).

Lors d'une dilution, il ya conservation de la quantité de matière de soluté de telle sorte que l'on peut écrire

$$n_i = n_f \Rightarrow C_i V_i = C_f V_f \qquad Eq\ I.4$$

Avec n : quantité de matière ; V : volume et C : concentration

i : initial c'est-à-dire relatif à la solution-mère.

f: final c'est-à-dire relatif à la solution diluée.

Généralement, on connaît la valeur des concentrations ; le problème étant de déterminer celle des volumes : Vi: volume de solution-mère à prélever et Vf: volume de solution diluée correspondant à celui de la fiole jaugée.

VI.4 Loi des solutions diluées : loi de Raoult

Ces techniques cryométrie, ébulliométrie permettent de mesurer des masses molaires du corps dissous ainsi que la concentration de la solution .

VI.4 .a Ebulliométrie (1ère Loi de Raoult)

C'est l'augmentation de la température d'ébullition du solvant entre solvant pur (T′) et la solution diluée (T).

$\Delta Te = T\text{-}T′ > 0 \qquad (T > T′)$

$\Delta Te = Ke \times (n_{soluté} / m_{solution})$ / $m_{solution} = m_{soluté} + m_{solvant} = m_{solvant}$ puisque $m_{soluté} < m_{solvant}$

$\Delta Te = Ke \times (n_{soluté\,(mol)} / m_{solvant\,(kg)}) = Ke \times Cm = Ke \times (m_{soluté} / (M_{soluté} \times m_{solvant})$ ... Eq I.5

Ke : Constante ebulliométrique du solvant

Cm : La molalité de la solution

VI.4.b Cryométrie (2ème Loi de Raoult)

C'est la diminution de la température de solidification (congélation) du solvant entre solvant pur (T′) et la solution diluée (T).

$\Delta T_f = T\text{-}T′ < 0 \quad (T < T′)$

$\Delta T_f = K_f \times Cm = K_f \times (n_{soluté\,(mol)} / m_{solvant\,(kg)}) = Ke \times Cm = K_f \times (m_{soluté} / (M_{soluté} \times m_{solvant}))$

……..Eq I.6

K_f : Constante cryométrique du solvant

Remarque : La loi de Raoult n'est valable que pour les solutions diluées et volatiles

Exercices Chapitre 1

Exercice 01.

Lequel des échantillons suivants contiennent le plus de fer ? 0.2 moles de $Fe_2(SO_4)_3$,20g de fer, 0.3 atome- gramme de fer 2.5×10^{23} atomes de fer

Données : $M_{Fe}=56g.mol^{-1}$ $M_S=32g.mol^{-1}$

Nombre d'Avogadro $N=6,023. 10^{23}$

Exercice 02.

On dissout complétement 1g de NaCl dans 90 ml d'eau dont la masse volumique est de 0.998 g/ml .On obtient une solution aqueuse de Chlorure de Sodium de 90ml.

1-Quel est le pourcentage massique en NaCl de cette solution.

2- Quelle est la fraction molaire de NaCl de cette solution.

3-Quelle est la molalité de NaCl.

4-Quelle est la concentration molaire de NaCl.

M(Na) :23g/mole ; M(Cl) : 35.5g/mole

Exercice 03.

Un échantillon d'oxyde de cuivre CuO a une masse m = 1,59 g.

Combien y a-t-il de moles et de molécules de CuO et d'atomes de Cu et de O dans cet échantillon ? $M_{Cu}=63,54g.mol^{-1}$; $Mo = 16g.mol^{-1}$

Corrigés des exercices Chapitre 1

Exercice 01.

Rappel : Dans une mole, il y a N particules (atomes ou molécules)

*0.2 moles de $Fe_2(SO_4)_3$ correspond à 0,4moles d'atomes (ou atome-gramme) de fer.

*20g de fer correspond à n= m/M_{Fe} = 20/56 = 0,357 moles d'atomes de fer, 0.3 Atome-gramme de fer ou 0,3mole d'atomes de fer.

*2.5×10^{23} atomes de fer correspond à n = nombre d'atomes, N= 0,415 moles d'atomes de fer

C'est ce dernier échantillon qui contient le plus de fer.

Exercice 02.

On dissout complétement 1g de NaCl dans 90 ml d'eau H_2O dont la masse volumique est de 0.998 g/ml .On obtient une solution aqueuse de Chlorure de Sodium de 90ml.

1-Quel est le pourcentage massique en NaCl de cette solution.

- $\%_{NaCl} = m_{NaCl} / (m_{NaCl} + m_{H2O}) * 100$
- $m_{H2O} = \rho_{H2O} * V_{H2O} = 0.998*92 = 89.82$ g
- $\%_{NaCl} = 1/(1+89.82) * 100 = 1.1\%$

2- Quelle est la fraction molaire de NaCl de cette solution.

- $\%_{NaCl}$ (molaire) $= n_{NaCl} / (n_{NaCl} + n_{H2O}) * 100$
- $n_{NaCl} = m_{NaCl} / M_{NaCl} = 1 / (23+35.5) = 0.017$ mol
- $n_{H2O} = m_{H2O} / M_{H2O} = 89.82/18 = 4.99$ mol
- $\%_{NaCl}$ (molaire)$= 0.017/(0.017 + 4.99) * 100 = 0.34\%$

3-Quelle est la molalité de NaCl.

- Molalité$= n_{NaCl} / m_{H2O}$
- Molalité$= 0.017 / 89.82*10^{-3} = 0.19$ mol/kg $_{H2O}$

4-Quelle est la concentration molaire de NaCl.

- $C_M = n_{NaCl} / V_{H2O}$
- $C_M = 0.017 / 90*10^{-3} = 0.188$ mol/l

M(Na) :23g/mole ; M(Cl) : 35.5g/mole

Exercice 03.

Nombre de mole de CuO : n= m/M_{CuO} = 1,59/ (63,54+16)= 0,01999 moles

Nombre de molécules de CuO = $(m/M_{CuO}). N = 0,12.10^{23}$ molécules

Nombre d'atomes de Cu − nombre d'atomes de O = $(m/M_{CuO}) .N = 0,12 \times 10^{23}$ atomes

Chapitre 2
Structure de l'atome

Introduction

La matière est formée à partir de grains élémentaires appelée les atomes, il existe 112 atomes ou éléments qui ont été découverts et chacun d'eux est désigné par son nom et son symbole.

L'élément est représenté :

A : nombre de masse, il désigne le nombre de proton 'P' et de neutron 'n'.

Z : numéro atomique ou nombre de charge, il désigne le nombre de proton.

n : nombre de neutron.

Tableau II.1 : Exemple des Atomes

Elément	Symbol	Masse atomique
Carbone	C	12
L'azote	N	14

Les atomes diffèrent par leurs structures et leurs masses, et sont eux même fragmentés en petites particules : les électrons, les protons et les neutrons.

En fait, l'atome n'existe pas souvent à l'état libre, il s'associe avec d'autres pour former des molécules.

Tableau II.2 : Exemple des molécules

Molécules	Exemples
Monoatomiques (gaz rares)	He, Ne, Ar
diatomiques	H_2, O_2, NaCl
polyatomiques	H_2O, H_2SO_4

I. Electron

L'atome est un ensemble électriquement neutre comportant une partie centrale, le noyau (Protons + neutrons), où est centrée pratiquement toute sa masse, et autour duquel se trouvent des électrons.

Exemple : Atome d'hydrogène

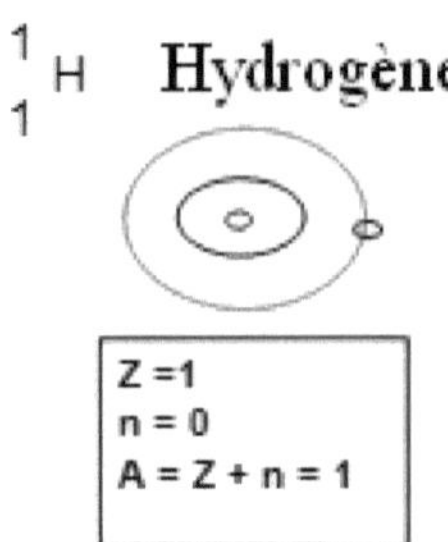

I.1 Mise en évidence : Expérience de J.J. Thomson

Sous l'effet d'une tension électrique très élevée (40 000 volts) appliquée entre les deux parties internes d'un tube à décharge, un faisceau est émis de la cathode, appelé rayons cathodiques et recueilli par l'anode.

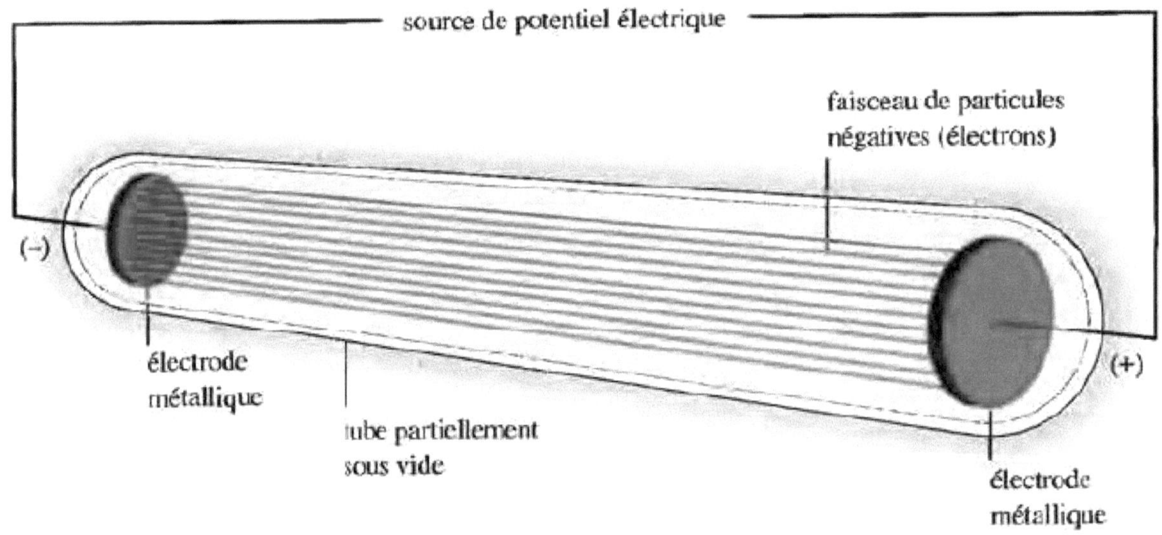

Figure II.1. Schéma de l'expérience de J.J. Thomson

I.2 Propriétés des rayons cathodiques

- Se propagent de façon rectiligne et perpendiculaire à la cathode.

- Ils sont constitués de particules qui transportent de l'énergie.

- Ils sont déviés par un champ électrique vers le pôle positif, ce qui indique que les particules constituant ces rayons sont chargées négativement.

En 1891, Stoney a donné le nom d'électron pour les particules constituant les rayons cathodiques.

Les expériences de Thomson et Millikan, nous ont permis de déterminer la charge e et la masse me de l'électron :

$$\mathbf{e} = 1{,}602 \times 10^{-19} \text{ Coulomb ou C}$$
$$m_e = 9{,}109 \times 10^{-31} \text{ kg.}$$

II. Noyau

II.1 Mise en évidence : Expérience de Rutherford

L'expérience consiste à bombarder une très mince feuille de métal (Or) par le rayonnement constitué de noyaux d'Helium (He_2^+).

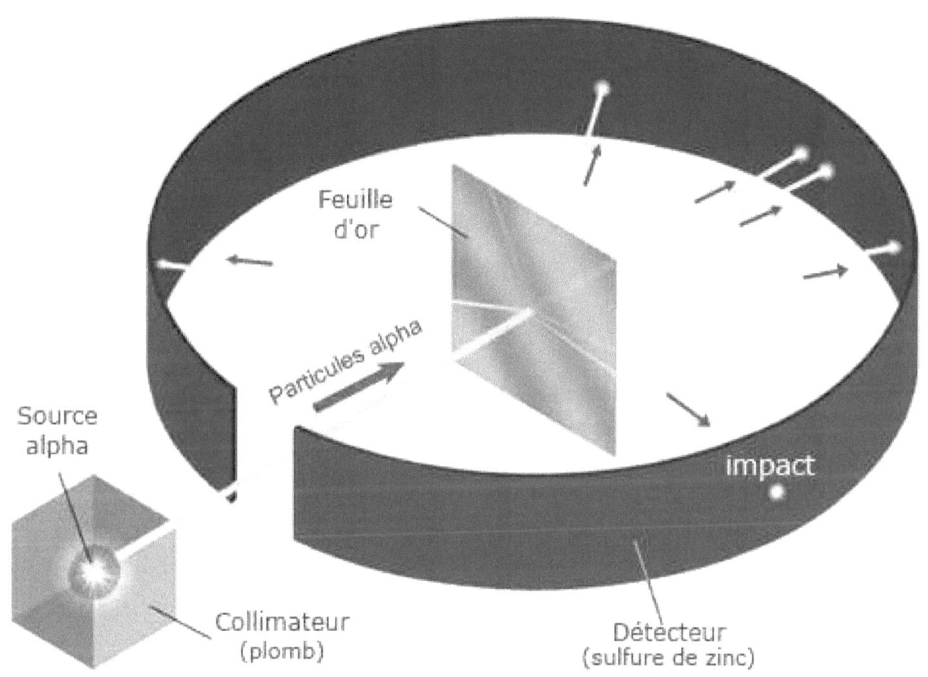

Figure II.2. Schéma de l'expérience de Rutherford [6]

Interprétation

Bombardant de très fines feuilles d'or par des particules alpha, Hans Geiger et Ernest Marsden, alors étudiants de Rutherford, observèrent qu'une fraction minime (1 sur 8000) de ces particules étaient défléchies à grand angle comme si elles rebondissaient sur un obstacle massif. Les impacts étaient observés dans l'obscurité au microscope sur un écran de sulfure de zinc scintillant. Rutherford en conclut que l'atome contenait un cœur massif, de charge électrique positive, capable de repousser les alpha .

II.2 Constitution du noyau atomique

Le noyau est formé de particules élémentaires stables appelées nucléons, qui peuvent se présenter sous deux formes à l'état libre, le neutron et le proton .

- Les protons sont chargés positivement :

$$q_p = {}^+e = 1,602 \times 10^{-19} \text{ C}$$

- La masse du proton : $m_p = 1,673 \times 10^{-27}$ kg $\approx 1836\ m_e$

- Les neutrons sont de charge nulle, leur masse est :

$$m_n = 1,675 \times 10^{-27} \text{ kg.}$$

Toute la masse de l'atome est concentrée dans le noyau.

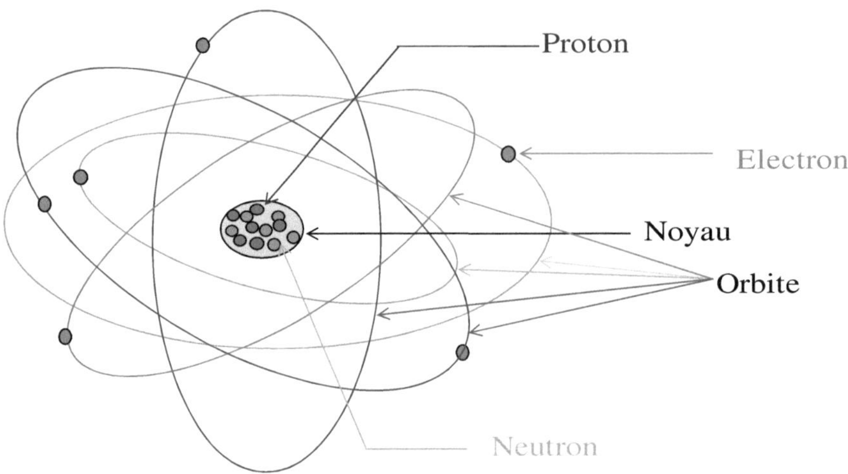

Figure II.3. Structure de l'atome

III. Identification des éléments

III.1 Représentation

A chaque élément chimique 'X', nous associons un symbole. Il s'écrit en majuscule, exemple : hydrogène 'H', oxygène 'O' et carbone 'C' …, ou suivie d'une minuscule, exemple : chlore 'Cl', calcium 'Ca', cuivre 'Cu' …

L'élément est représenté :

A : nombre de masse, il désigne le nombre de proton 'P' et de neutron 'n'.

Z : numéro atomique ou nombre de charge, il désigne le nombre de proton.

n : nombre de neutron.

Donc, nous aurons : Dans un atome neutre le numéro atomique ′Z′ désigne le nombre d'électron ′e⁻′.

Remarque :

> - Si l'élément est ionisé (chargé), le nombre d'électron est différent du nombre de proton.
> - Si l'élément est un anion (charge négative) : nous devons additionner le nombre de charge au nombre de proton.
> - Si l'élément est un cation (charge positive) : nous devons soustraire le nombre de charge au nombre de proton.

Exemple

Eléments	A	Z = P	e⁻	n
$^{35}_{17}Cl$	35	17	17	18
$^{35}_{17}Cl^{-}$	35	17	18	18
$^{27}_{13}Al$	27	13	13	14
$^{27}_{13}Al^{3+}$	27	13	10	14

III.2 Atomes et leur Masses atomiques

Il existe deux types d'atomes : les atomes non isotopiques et les isotopes.

III.2.a Masses atomiques (Isotopes)

Ce sont des atomes de même numéro atomique Z et de nombre de masse A différent. Un élément peut avoir un ou plusieurs isotopes.

Il n'est pas possible de les séparer par des réactions chimiques, par contre cela peut être réalisé en utilisant des techniques physiques notamment la spectroscopie de masse.

Exemple : Représentation symbolique des trois isotopes de l'hydrogène.

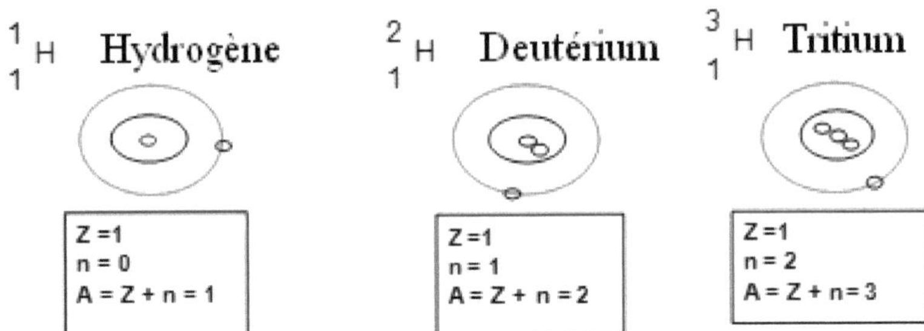

III.2.b Atome non isotopique

La masse atomique est égale à la somme des masses des constituants de l'atome :

$$m_a = z \times m_{e^-} + m_N \qquad …..Eq\ II.1$$

Z : numéro atomique ou nombre de charge, il désigne le nombre de proton.

m_{e^-} : masse de l'électron

m_N : masse de noyau

$$m_N = Z \times m_p + n \times m_n \qquad …..Eq\ II.2$$

m_p : masse de proton

n : nombre de neutron

m_n : masse de neutron

III.3.a Masse en u.m.a (Unité masse atomique) [2].

$$1\,uma \rightarrow 1,67 \times 10^{-27}\,kg$$

$$x \leftarrow 1kg$$

$$\Rightarrow x = 6 \times 10^{+26}$$

$$\Rightarrow\ m_a = 26,7768 \times 10^{-27} \times 6 \times 10^{+26}$$

$$\Rightarrow\ m_a = 16,06\ uma$$

III.3.b Masse atomique relative

Dans le cas général, un élément possède un ou plusieurs isotopes ; donc la masse atomique sera la somme des proportions relatives à chaque isotope .

m = Σ (xi . mi) u.m.a   ….Eq II.3   de même la masse molaire sera :

M = Σ (xi . Mi) (g/mole)   ….Eq II.4

La masse atomique tiendra compte de sa composition, elle est donnée par l'équation suivante :

$$ma = \Sigma\ \alpha_i \times m_i\ /\Sigma\ \alpha_i \quad \text{….Eq II.5}$$

α_i : abondance isotopique ou pourcentage

m_i : masse atomique des isotopes

Exemple

Le carbone présente deux isotopes stables de masse 12 uma et 13 uma. L'abondance de ce dernier est de 1,1 %. Calculer la masse atomique.

$$m_a = \frac{\sum \alpha_i m_i}{\sum \alpha_i} \Rightarrow m_a = \frac{\alpha_1 \times m_1 + \alpha_2 \times m_2}{\alpha_1 + \alpha_2} \Rightarrow \sum \alpha_i = 100\% \Rightarrow \alpha_1 + \alpha_2 = 100\% \Rightarrow$$

$$\alpha_1 = 100\% - \alpha_2 \Rightarrow m_a = \frac{(100\% - \alpha_2) \times m_1 + \alpha_2 \times m_2}{\alpha_1 + \alpha_2} \Rightarrow$$

$$m_a = \frac{(m_2 - m_1) \times \alpha_2 + 100 \times m_1}{\alpha_1 + \alpha_2} \Rightarrow m_a = \frac{(13 - 12) \times 1,1 + 100 \times 12}{100}$$

$$\Rightarrow \boxed{m_a = 12,01\ uma}$$

IV. Energie de liaison et de cohésion des noyaux

IV.1 Défaut de masse

La formation d'un noyau $^A_Z X$ à partir de ses nucléons séparés s'accompagne d'une perte de masse Δm encore appelée défaut de masse. Le défaut de masse Dm est toujours positif. Son expression est :

$$\Delta m = (Z \times m_P + (A - Z) \times m_n) - m_{noyau} \qquad \text{….Eq II.6}$$

IV.2 Energie de liaison

Energie de liaison est l'énergie nécessaire à la formation d'un noyau quelconque à partir de particule

$$E_l = \Delta m.C^2 \quad \text{....Eq II.7}$$

E_l: énergie de liaison du noyau (en J, eV ou MeV)

Δm: défaut de masse du noyau (en kg)

C: célérité de la lumière dans le vide (e m /s)

Cette énergie est positive puisqu'elle est reçue par le système considéré (noyau).

IV.3 Energie de cohésion

Energie de cohésion est l'énergie nécessaire à la destruction d'un noyau. Cette énergie est négative et on peut écrire : $E_l = -E$ ....Eq II.8

V. Stabilité des noyaux

V. a. Détermination de l'énergie de cohésion par nucléon : courbe d'Aston

La courbe d'Aston permet de comparer la stabilité de différents noyaux atomiques. Les noyaux légers vont évoluer par fusion, alors que les noyaux lourds vont évoluer par fission

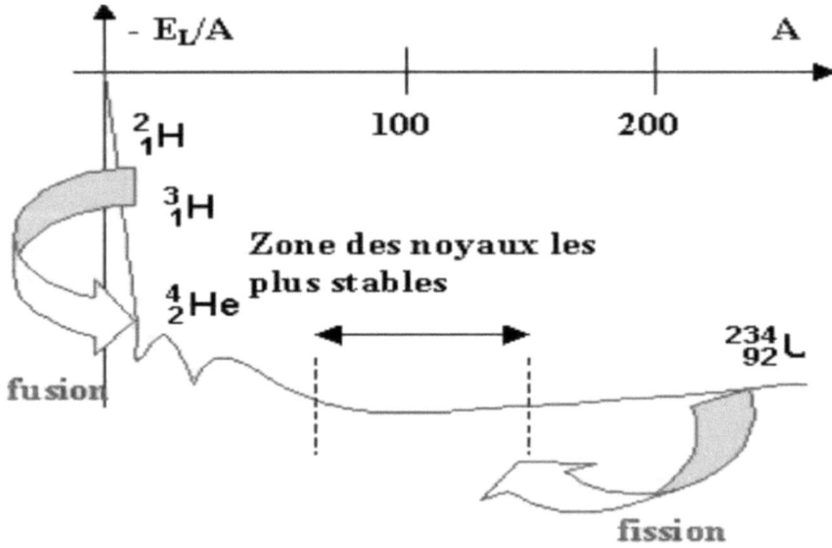

Figure II.4. Courbe d'Aston

V. b. Stabilité et nombre de nucléons :

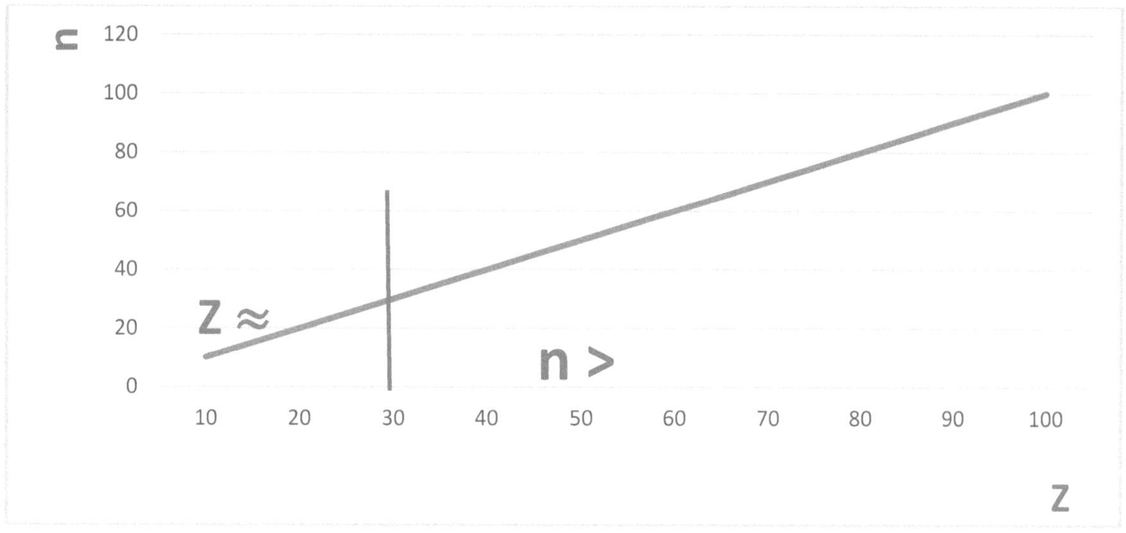

Figure II.5. Représentation de Z en fonction de n

Pour les premiers éléments de Z < 30, on constate que les isotopes stables contiennent un nombre de neutrons sensiblement égal à celui des protons, $Z \approx n$. Exemple : $^{51}_{23}V$ Z= 23 et n = 28.

Au-delà de Z = 30, les isotopes stables contiennent un nombre de neutrons plus élevé que celui des protons : n > Z .Exemple : $^{75}_{33}As$ Z= 33 et n = 42.

Remarque

Plus le nombre de protons augmente et plus le nombre de neutrons devra augmenter pour que le nucléide soit stable.

Exercices Chapitre 2

Exercice 01

Les masses du proton, du neutron et de l'électron sont respectivement de $1,6723842 \times 10^{-24}$ g, $1,6746887 \times 10^{-24}$ g et $9,109534 \times 10^{-28}$ g.

1. Définir l'unité de masse atomique (u.m.a). Donner sa valeur en g avec les mêmes chiffres significatifs que les masses des particules du même ordre de grandeur.

2. Calculer en u.m.a. et à 10^{-4} près, les masses du proton, du neutron et de l'électron.

3. Calculer d'après la relation d'Einstein (équivalence masse-énergie), le contenu énergétique d'une u.m.a exprimé en MeV.

Exercice 02

Quel est le nombre de protons, de neutrons et d'électrons qui participent à la composition des structures suivantes :

$$^{12}_{6}C \qquad ^{13}_{6}C \qquad ^{14}_{6}C \qquad ^{18}_{8}O \qquad ^{32}_{16}S^{2-} \qquad ^{27}_{13}Al^{3+} \qquad ^{16}_{8}O^{2-}$$

Exercice 03

L'élément gallium Ga (Z = 31) possède deux isotopes stables $_{69}$Ga et $_{71}$Ga.

1. Déterminer les valeurs approximatives de leurs abondances naturelles sachant que la masse molaire atomique du gallium est de

$69,72$ g.mol^{-1}.

2. Pourquoi le résultat n'est-il qu'approximatif ?

3. Il existe trois isotopes radioactifs du gallium $_{66}$Ga, $_{72}$Ga, et $_{73}$Ga.

Prévoir pour chacun son type de radioactivité et écrire la réaction correspondante.

Exercice 04

L'élément silicium naturel Si (Z=14) est un mélange de trois isotopes stables : $_{28}$Si, $_{29}$Si et $_{30}$Si. L'abondance naturelle de l'isotope le plus abondant est de 92,23%.

La masse molaire atomique du silicium naturel est de $28,085$ g.mol^{-1}.

1. Quel est l'isotope du silicium le plus abondant ?

2. Calculer l'abondance naturelle des deux autres isotopes

Exercice 01

1. Définition de l'unité de masse atomique : L'unité de masse atomique (u.m.a.) : c'est le douzième de la masse d'un atome de l'isotope de carbone 6

12C (de masse molaire 12,0000g)

La masse d'un atome de carbone est égale à : 12,0000g/N

Avec N (nombre d'Avogadro) = 6.023. 1023

1 u.m.a = 1/12 x (12,0000/N) = 1/ N = 1,66030217 x 10^{-24}g.

2. Valeur en u.m.a. des masses du proton, du neutron et de l'électron.

mp = 1,007277 u.m.a. mn = 1,008665 u.m.a. me = 0,000549 u.m.a.

E (1 u.m.a) = Δm x C^2 = 1, 66030217x 10^{-24} x 10^{-3} x $(3.108)^2$ = 1, 494271957 x 10^{-10} J

E=1,494271957.10^{-10}/1,6.10^{-19} (eV) = 934 MeV

Exercice 02

Elément	Nombre de masse	Proton	Neutron	Electron
$^{12}_{6}C$	12	6	6	6
$^{13}_{6}C$	13	6	7	6
$^{14}_{6}C$	14	6	8	6
$^{18}_{8}O$	18	8	10	8
$^{32}_{16}S^{2-}$	16	8	8	10
$^{27}_{13}Al^{3+}$	27	13	14	10
$^{16}_{8}O^{2-}$	32	16	16	18

Exercice 03

1. Les deux isotopes de gallium Ga (Z=31) sont notés (1) pour 69Ga et (2) pour 71Ga.

M = x1M1 + x2 M2 avec M1 =A1 = 69 et M2 =A2 = 71

69,72 = 69 x1 + 71 x2 avec x1 + x2 = 1

69,72 = 69 x1 + 71 (1- x1) x1 = 0,64 et x2 = 0,36

64 % de 69Ga et 36 % de 71Ga

2. L'élément naturel est composé de plusieurs isotopes en proportion différente. Sa masse molaire étant la somme de ces proportions molaires, elle ne peut être un nombre entier. Elle n'est donc pas strictement égale au nombre de masse car ce dernier est un nombre entier pour chaque isotope (voir exercice précédent).

3. 66Ga : 31 protons et 35 neutrons - Isotope stable

Par comparaison avec les isotopes stables, on constate que cet isotope présente un défaut de neutrons. Pour se stabiliser, il cherchera à transformer un proton en neutron, il émettra donc de l'électricité positive, c'est un émetteur β_+.

72Ga : 31 protons et 41 neutrons - Isotope Instable

Par comparaison avec les isotopes stables, on constate que cet isotope présente un excès de neutrons. Pour se stabiliser il cherchera à transformer un neutron en proton, il émettra donc de l'électricité négative, c'est un émetteur β_-.

73Ga : 31 protons et 42 neutrons - Isotope Instable

Par comparaison avec les isotopes stables, on constate que cet isotope présente un excès de neutrons. Pour se stabiliser il cherchera à transformer un neutron en proton, il émettra donc de l'électricité négative, c'est un émetteur β_-.

$$^{66}_{31}\text{Ga} \rightarrow ^{66}_{30}\text{Zn} + ^{0}_{1}\text{e}$$

$$^{72}_{31}\text{Ga} \rightarrow ^{72}_{32}\text{Zn} + ^{0}_{-1}\text{e}$$

$$^{73}_{31}\text{Ga} \rightarrow ^{73}_{32}\text{Zn} + ^{0}_{-1}\text{e}$$

Exercice 04

1. La masse d'un atome de silicium Si : $m = M_{Si}/N = (28{,}085/N)$

La masse molaire du silicium est:

$M_{Si} = 28{,}085$ g.mol-1 $= (28{,}085/N).N = 28{,}085$ u.m.a.

$M \approx 28 \Longrightarrow$ L'isotope 28 est le plus abondant.

2. Appelons **x** l'abondance de l'isotope 29 et **y** celle de l'isotope 30.

Assimilons, fautes de données, masse atomique et nombre de masse pour les trois isotopes.

$28{,}085 = 28 \times 0,9223 + 29 X + 30 Y \quad 2{,}2606 = 29 X + 30 Y$

$0{,}9223 + X + Y = 1 \quad 0{,}0777 = X + Y \quad Y = 0{,}0777 - X$

$29 X + 30 (0{,}0777 - X) = 2{,}2606$

$X = 0{,}0704 = 7{,}04\%$ et $Y = 0{,}0073 = 0{,}73\%$

Chapitre 3
Radioactivité

Introduction

Pour certains éléments, il existe des isotopes naturels ou artificiels instables appelés radioactifs. Parmi la centaine d'éléments connus seuls les 83 premiers (à l'exception du Technétium

(Z = 43) et du Prométhium (Z = 61)) possèdent au moins un isotope stable.

 A partir du Polonium (Z = 84) il n'existe plus de nucléides stables, ils sont tous radioactifs.

I. Radioactivité naturelle

Ces noyaux peuvent se désintégrer spontanément en expulsant certains constituants pour donner des noyaux plus stables. Ces éléments radioactifs ont été mis en évidence par Becquerel en 1896. Il existe trois formes de radioactivité différentes :

> **Radioactivité β^-**

$$^A_Z X \rightarrow ^{\;\;A}_{Z+1} Y + ^{\;\;0}_{-1} e$$

Exemple :

$$^{16}_{\;8} O \rightarrow ^{16}_{\;9} X + ^{\;\;0}_{-1} e$$

> **Radioactivité β^+**

$$^A_Z X \rightarrow ^{\;\;A}_{Z-1} Y + ^0_1 e$$

Exemple :

$$^{16}_{\;8} O \rightarrow ^{16}_{\;7} Y + ^0_1 e$$

> **Radioactivité α**

$$^A_Z X \rightarrow ^{A-4}_{Z-2} Y + ^4_2 He$$

Exemple :

$$^{16}_{\;8} O \rightarrow ^4_2 He + ^{12}_{\;6} Z$$

II. Radioactivité artificielle et les réactions nucléaires

Il s'agit de la radioactivité provoquée sur certains noyaux à la suite d'une intervention humaine. Les premiers noyaux radioactifs artificiels ont été obtenus par Rutherford en 1919 en bombardant des atomes d'azote avec des particules α qui conduit à la   formation de nouveaux noyaux :

A. Fission nucléaire

$$^{14}_{7}\text{N} + {}^{4}_{2}\text{He} \rightarrow {}^{1}_{1}\text{P} + {}^{17}_{8}\text{O}$$

Les atomes de nombre de masse A très élevés, lorsqu'ils sont bombardés par des neutrons peuvent subir une cassure conduisant à des atomes plus légers et à régénérer les neutrons.

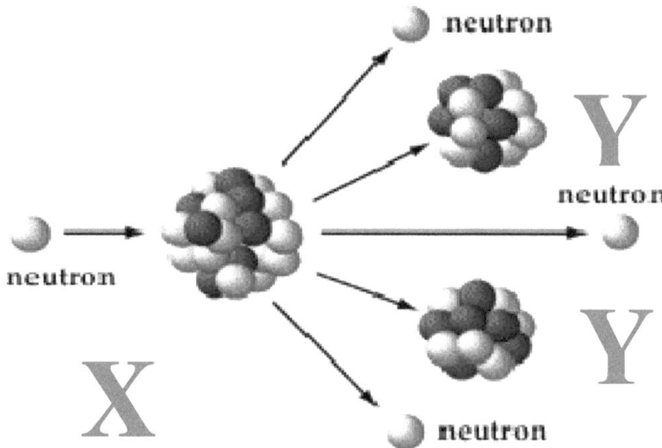

Figure III.1. Fission nucléaire

Exemples

$$^{235}_{92}\text{U} + {}^{1}_{0}\text{n} \rightarrow {}^{139}_{56}\text{Ba} + {}^{94}_{36}\text{Kr} + 3\,{}^{1}_{0}\text{n}$$

$$^{235}_{92}\text{U} + {}^{1}_{0}\text{n} \rightarrow {}^{139}_{54}\text{Xe} + {}^{95}_{38}\text{Sr} + 2\,{}^{1}_{0}\text{n}$$

B. Fusion nucléaire

Au cours de ce type de réactions, deux noyaux légers vont fusionner pour donner un atome plus lourd et diverses.

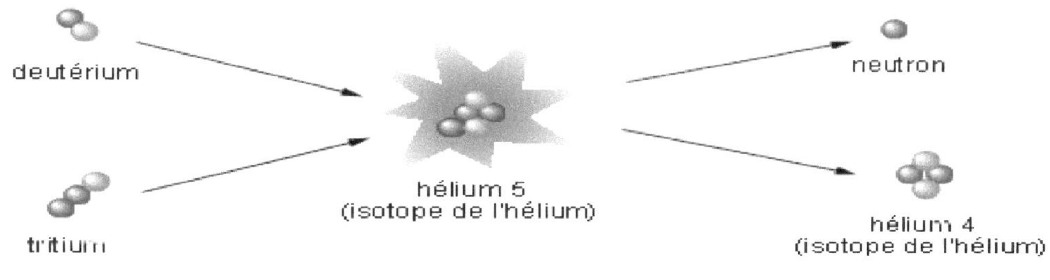

Figure III.3. Fusion nucléaire

Exemple

$$4\,{}^{1}_{1}H \rightarrow {}^{4}_{2}He + 2\,{}^{0}_{1}e$$

$${}^{2}_{1}H + {}^{3}_{1}H \rightarrow {}^{4}_{2}He + {}^{1}_{0}n$$

C. Transmutation

Ces réactions produisent des nucléides de nombre de masse égal ou très voisin de celui de nucléide qui a servi de cible. Les nucléides formés sont stables ou radioactifs.

Exemple

$${}^{27}_{13}Al + {}^{4}_{2}He \rightarrow {}^{30}_{15}P + {}^{1}_{0}n$$

Ecriture abrégée

$${}^{27}_{13}Al(\alpha, n){}^{30}_{15}P$$

III. Cinétique de désintégration radioactive

III.1 Loi décroissance radioactive

La décomposition d'un élément radioactif peut être très rapide, quelques milliseconde ou extrêmement longue plusieurs ou milliers d'années. Cette décomposition est définie par la loi de vitesse d'une réaction du premier ordre.

$$d[N] / dt = \lambda N \Rightarrow d[N] / N = - \lambda t \quad \dots\dots Eq\ II.1 \qquad \text{Où}$$

[N] représente la concentration de l'espèce radioactive à l'instant t.

λ: constante radioactive de l'élément considéré. Ces unités : s^{-1}, min^{-1}, h^{-1}, $jour^{-1}$, ….

Les unités de la radioactivité sont :

- désintégration par seconde (d.p.s)

- Curie (Ci) ; $1\ Ci = 3{,}7 \times 10^{10}$ dps

- Becequerel (Bq) ; 1 Bq = 1 dps

$$\int_{N_0}^{N_t} \frac{dN}{N} = - \lambda \int_0^t dt \;\Rightarrow\; \left(LnN\right)_{N_0}^{N_t} = - \lambda \left(t\right)_0^t \;\Rightarrow$$

$$LnN_t - LnN_0 = - \lambda t \;\Rightarrow\; Ln\,\frac{N_t}{N_0} = - \lambda t \;\Rightarrow$$

$$Nt / N_0 = e^{-\lambda t} \Rightarrow Nt = N_0 = e^{-\lambda t} \quad \dots\dots Eq\ III.1 \qquad \text{Où}$$

$[N_0]$ représente la concentration initiale de l'espèce radioactive à l'instant t = 0.

III.2 Activité d'un noyau radioactif

L'activité est représentée par le nombre de désintégration qu'il se produit par une seconde.

$$A = \lambda Nt => A = \lambda \times N_0 \times e^{-\lambda t} => A = A_0 \times e^{-\lambda t} \quad .....\text{Eq III.2}$$

$$A_0 = \lambda \times N_0 \quad .....\text{Eq III.3}$$

III.3 Période radioactive ou temps de demi-vie [8]

La période ou temps de demi-vie est le temps au bout du lequel la moitié des noyaux initiaux ont subi la désintégration. Elle s'obtient en remplaçant t = T et Nt = N_0 / 2

$$\int_{N_0}^{\frac{N_0}{2}} \frac{dN}{N} = -\lambda \int_0^T dt \Rightarrow \left(LnN \right)_{N_0}^{\frac{N_0}{2}} = -\lambda \left(t \right)_0^T \Rightarrow$$

$Ln\, N_0\, /2 - Ln\, N_0 = -\lambda T => Ln\, N_0 - Ln2 - Ln\, N_0 = -\lambda t$

$=> Ln\, 2 = \lambda T => t_{1/2} = T = Ln\, 2\, /\, \lambda \quad .....\text{Eq III.}$

IV. Applications de la radioactivité

Utilisation des rayonnements peut être positive et

négative **IV-1.Positive**

-**Médecine** : imagerie, radio, scanner, scintigraphie, radiothérapie, stérilisation des matériels et des instruments, exemple : Détection de tumeurs cancéreuses, Étude du fonctionnement du cerveau.

-**Science** : La datation, exemple : l'âge des roches (La demi-vie (T1/2))

-**Alimentation :** stérilisation et conservation

-**Agriculture** : traceurs

-**Environnement** : marquage

-**Énergie :** production d'électricité

IV-2. Négative

-Essais nucléaires et bombes

-Déchets

-Accidents

Exercices Chapitre 3

Exercice 01

La masse atomique de $^{56}_{26}Fe$ est de 55,9388uma, de $^{235}_{92}U$ est de 235,0706 uma et celle de $^{2}_{1}H$ est de 2,0142 uma.

1) Pour chaque noyau, calculer l'énergie de liaison par nucléon en MeV.

2) Classer ces noyaux du plus stable au moins stable.

Données : m_p= 1,0076 uma ; m_n= 1,0089 uma ; m $(^{2}_{1}H)$=2,0142 uma ;

m $(^{3}_{1}H)$ = 3,0247uma ; m $(^{4}_{2}He)$= 4,0015 uma

Exercice 02

Compléter les réactions nucléaires suivantes. Pour chaque équation, indiquer le type de réaction dont il s'agit :

$^{131}_{53}I \longrightarrow ^{131}_{52}Te + ...$, $\quad ^{124}_{53}I \longrightarrow ... + \beta^{-}$, $\quad ^{3}_{1}H + ^{2}_{1}H \longrightarrow ^{1}_{0}n + ...$, $\quad ^{14}_{7}N + ^{4}_{2}He \longrightarrow ^{16}_{8}O + ...$,

$^{215}_{84}Po \longrightarrow ^{211}_{82}Pb + ...$, $\quad ^{1}_{0}n + ^{235}_{92}U \longrightarrow ... + ^{139}_{53}I + 3^{1}_{0}n$, $\quad ^{9}_{4}Be(\beta^{+}, \alpha)...$,

Exercice 03

1. Par radioactivité naturelle, le radium se transforme en gaz inerte et en radon. Une désintégration de 35,38% de radium a lieu tous les 1000 ans.

    a) Déterminer la constante radioactive de cette transformation et la période T.

    b) Quelle est la masse du radium dont l'activité est de 1Ci ?

2. Quelle est l'activité, exprimée en curie d'une source radioactive constituée par 500 mg de Strontium (^{90}Sc) si sa période est de 28 ans.

    a) Que devient cette activité un an plus tard.

    b) Au bout de combien de temps cette activité est réduite de 10%.

Corrigé des exercices Chapitre 3

Exercice 01

1) n Calcul de l'énergie de liaison par nucléon

$E_{liaison} = |\Delta m| \cdot C^2$

$\Delta m = (m \text{ (noyau)} - m \text{ (nucléons)})$

a) <u>Fer</u>

-Energie de liaison du Fe

$\Delta m = 55,9388 - (26 \times 1,0076 + 30 \times 1,0089) = -0,5258 \, uma = -0,8728 \times 10^{-27} \, kg$

$E_{liaison} \text{ (Fe)} = |-0,8728 \times 10^{-27} \times (3 \times 10^8)^2 = 7,855 \times 10^{-11} \, J = 4,909 \times 10^8 \, eV = 490,9 \, MeV$

- Energie de liaison par nucléon de Fe :

$E \text{ (Fe)} = E_{liaison/ A}$

$E \text{ (Fe)} = 490,9 / 56 = 8,76 \, MeV / \text{nucléon}$

b) <u>Uranium</u>

$\Delta m = 235,0706 - (92 \times 1,0076 + 143 \times 1,0089) = -1,9013 \, uma = -3,1561 \times 10^{-27} \, kg$

$E_{liaison}(U) = |-3,1561 \times 10^{-27}| \times (3 \times 10^8)^2 = 28,405 \times 10^{-11} \, J = 1775,33 \, MeV$

$E \text{ (U)} = 1775,33 / 235 = 7,55 \, MeV / \text{nucléon}$

c) <u>Déterium</u>

$\Delta m = 2,0142 - (1,0076 + 1.0089) = -0,00234 \, uma = -0,00388 \times 10^{-27} \, kg$

$E_{liaison}(U) = |0,00388 \times 10^{-27}| \times (3 \times 10^8)^2 = 0,0349 \times 10^{-11} \, J = 2,18 \, MeV$

$E \text{ (D)} = 2,18 / 2 = 1,09 \, MeV / \text{nucléon}$

2) E (Fe) > E (U) > E (D), ce résultat indique que le noyau de l'atome de Fer 56 est plus stable que l'uranium et le détermium.

Exercice 02

$^{131}_{53}I \longrightarrow {}^{131}_{52}Te + {}^{0}_{1}e$ il s'agit d'une désintégration β^+

$^{124}_{53}I \longrightarrow {}^{124}_{54}Xe + {}^{0}_{-1}e$ il s'agit d'une désintégration β^-

$^{3}_{1}H + {}^{2}_{1}H \longrightarrow {}^{1}_{0}n + {}^{4}_{2}He$ il s'agit d'une réaction de fusion

$^{14}_{7}N + {}^{4}_{2}He \longrightarrow {}^{16}_{8}O + {}^{1}_{1}H$ il s'agit d'une réaction de transmutation

$^{215}_{84}Po \rightarrow {}^{211}_{82}Pb + {}^{4}_{2}He$ il s'agit d'une désintégration α

$^{1}_{0}n + {}^{235}_{92}U \rightarrow {}^{94}_{39}Y + {}^{139}_{53}I + 3{}^{1}_{0}n$ il s'agit d'une réaction de fission

$^{9}_{4}Be + {}^{0}_{1}e \rightarrow {}^{4}_{2}He + {}^{5}_{3}Li$ il s'agit d'une réaction de transmutation

Exercice 03

$^{226}_{88}Ra$ radium, $^{222}_{86}Rn$ radon

Une désintégration de 35,38 %

$100 - 35,38 = 64,62$

$Nt = N_0 e^{-\lambda t}$, Nt : nombre de noyaux restant, N_0 : nombre de noyaux initial

$N_0 - Nt$: nombre de noyaux désintégrés= 35,3 %

$Ln\, N_0 / Nt = -\lambda t$, $\lambda = 1/t\, Ln\, N_0 / Nt = 1/1000 Ln\, 100/64,62 = 0,436 \times 10^{-3}$ ans

La période $T = Ln2/\lambda = Ln2/ 0,436 \times 10^{-3} = 1589,8$ ans.

Masse du radium $^{226}_{88}Ra$

$A_0 = \lambda N_0$ $\qquad$ 1 $\quad$ Ci $= 3,7 \times 10^{10}$ dps

$\lambda N = 3,7 \times 10^{10}$ dps , $N = 3,7 \times 10^{10} / \lambda$

226 g de Ra $\rightarrow$ N noyaux $\quad$ m= 226 N/N'

$\qquad$ m $\qquad\qquad$ N'

m$= 3,7 \times 10^{10} / \lambda \times 223/N' = 1$ g

b) $\lambda = Ln2/T = Ln2/28 = 2,47 \times 10^{-2}$ an^{-1}

N'$= m/M \times N = 0,5/90 \times 6,023 \times 10^{23} = 3,34 \times 10^{21}$ noyaux

$A_0 = \lambda N_0 = 3,34 \times 10^{21} \times 2,47 \times 10^{-2} = 8,26 \times 10^{19}$ dp ans

$A = 2,26 \times 10^{12}$ dps $= 71$ Ci

- Un an plus tard $A = A_0 \times e^{-\lambda t} = 71 \times e^{-2,47.10-2(1)} = 69,4$ Ci

- Une reduction de 10/ de l'activité initiale

- $A = 0,9 \times A_0$, $0,9 \times A_0 = A = A_0 \times e^{-\lambda t} \Rightarrow 0,9 = e^{-\lambda t}$

    $T = -Ln\, 0,9/\lambda = 4,7$ ans.

Chapitre 4
Structure électronique de l'atome

I. Production des spectres d'émission atomique

En excitant suffisamment (électriquement ou thermiquement) des éléments ou leurs sels (composés ioniques), ils émettent de la lumière (visible ou non) qui seront analysée par un spectroscope, d'où il nous donne toujours un spectre de raies monochromatiques discrètes (et en plus, éventuellement, un spectre continu). Les raies sont caractéristiques des atomes ou ions monoatomiques. En réalité, ce spectre continu est constitué de raies fines très serrées que les spectroscopes modernes arrivent à séparer grâce à leur meilleure résolution .

II. Rayonnement électromagnétique

Les rayons lumineux sont caractérisés par la propagation d'une onde électromagnétique à la vitesse de la lumière ($c = 3.10^8$ m/s). Cette onde est caractérisée par sa longueur d'onde λ ou par son nombre d'onde σ :

$$\lambda = 1/\sigma = c/\nu \qquad ....Eq\ IV.1 \qquad\qquad \nu : \text{la fréquence}$$

On distingue différentes familles de radiations électromagnétiques :

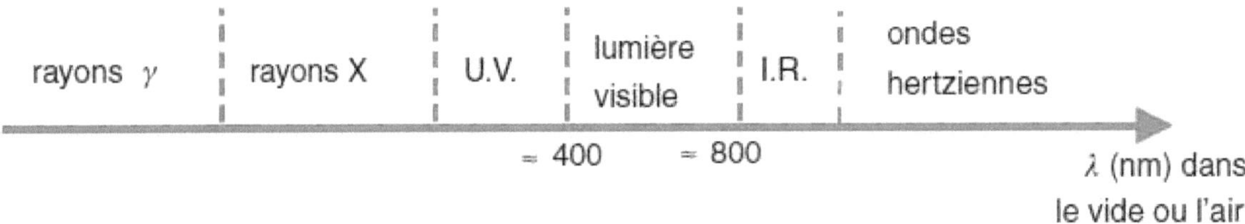

III. La théorie des photons

Les raisonnements classiques utilisant la nature ondulatoire de la lumière ne peut expliquer le phénomène.

Einstein a supposé (1905) que le rayonnement se comportait dans l'effet photoélectrique comme un faisceau de particules. Chaque particule est un « grain » (quantum) de lumière (qu'on appelle maintenant photon) d'énergie E proportionnelle à la fréquence du rayonnement monochromatique qui l'accompagne :

$$E = h\nu \qquad ....Eq\ IV.2 \qquad\qquad h\ \text{est la constante de Planck.}$$

Quand un photon incident est absorbé par la substance, la totalité de son énergie hν est communiquée à un électron dans le matériau. Si cette énergie est supérieure à une valeur minimum hν_0 (ν_0 est le seuil), l'électron surmonte la « barrière d'énergie » hν =0 et sort du matériau avec l'énergie :

$$1/2\ mv^2 = h\ (\nu - \nu_0) \qquad ....Eq\ IV.3$$

Où V est la différence de potentiel qui annule le courant. $h\nu_0$ est appelé travail d'extraction car c'est le travail minimum qu'il faut fournir pour extraire un électron du matériau solide.

Il est de l'ordre de quelques eV ; un des plus faibles est celui du césium (Cs) : 1,93 eV.

Planck pensait que les quanta ne se manifestaient que lors des échanges (émission et absorption) entre matière et lumière. Einstein alla plus loin en conférant une structure discontinue à la lumière elle-même. La formule $E = h\nu$ montre à elle seule que la théorie des photons n'est pas autonome vis-à-vis de la théorie ondulatoire de la lumière puisqu'il y figure la fréquence ν à laquelle seule une théorie introduisant une idée de périodicité.

III.1 Spectre d'émission de l'atome d'hydrogène

Expérimentalement, le spectre de l'atome d'hydrogène est obtenu en plaçant devant la fente d'un spectrographe un tube scellé contenant de l'hydrogène sous faible pression et dans lequel on provoque une décharge électrique. Cette décharge excite les atomes d'hydrogène. Lors du retour des atomes des divers états excités vers les états d'énergie inférieure, il y a émission de rayonnement électromagnétique .

III.2 Relation empirique de Balmer-Rydberg

La relation de Balmer est donnée par la relation suivante : $\lambda = B\ (n^2 / (n^2 - 2^2))$ ....Eq IV.4

Où :

B : Constante

n : Nombre quantique principal qui désigne la couche ou le niveau. Il est un nombre entier non nul ($n = 3, 4, 5, \ldots \infty$).

IV. Modèle de Bohr

IV.1 Description (cas de l'atome d'hydrogène)

Pour lever les contradictions précédentes, Bohr propose quatre hypothèses .

• Dans l'atome, le noyau est immobile alors que l'électron de masse m se déplace autour du noyau selon une orbite circulaire de rayon r.

• L'électron ne peut se trouver que sur des orbites privilégiées sans émettre de l'énergie ; on les appelle "orbites stationnaires".

• Lorsqu'un électron passe d'un niveau à un autre il émet ou absorbe de l'énergie :

$$\Delta E = h.\nu \qquad \text{.......Eq IV.5}$$

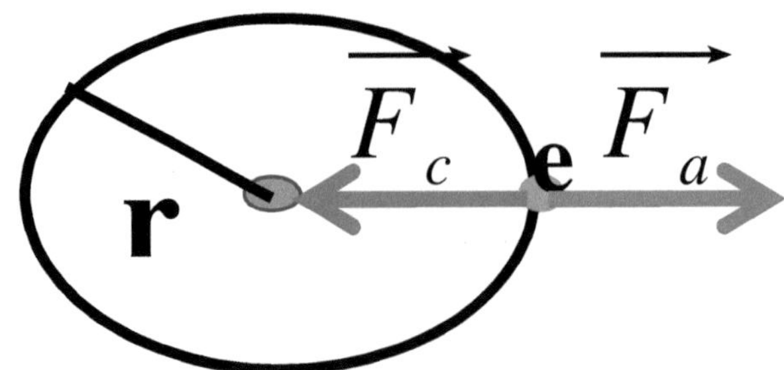

• Le moment cinétique de l'électron ne peut prendre que des valeurs entières (quantification du moment cinétique) :

$$mvr = n.h/2\pi \qquad \text{.......Eq IV.6}$$

h : constante de Planck et $\qquad$ n : entier naturel.

IV.2 Aspect quantitatif de l'atome de Bohr

Le système est stable par les deux forces : la force d'attraction $\vec{F}_a$ et la force centrifuge $\vec{F}_c$.

$\vec{F}_a$: Force attractive donnée par la loi de Colomb $\qquad \vec{F}_a = Z \times k \times e^2 /r_n^2$

$\vec{F}_c$: Force centrifuge $\qquad \vec{F}_c = m \times v^2 /r_n$

Le système est en équilibre :

$\left|\vec{F}_a\right| = \left|\vec{F}_c\right|$ donc $z \times k \times e^2 /r_n^2 = m \times v^2 /r_n \dots (1)$

Le moment cinétique de l'électron :

$$m \times v \times r_n = \frac{n \times h}{2 \times \pi} \Rightarrow (m \times v \times r_n)^2 = \left(\frac{n \times h}{2 \times \pi}\right)^2 \Rightarrow \boxed{m \times v^2 = \frac{n^2 \times h^2}{4 \times m \times \pi^2 \times r_n^2}} \dots (2)$$

Par identification de l'équation (1) et (2) :

$$\frac{Z \times k \times e^2}{r_n} = \frac{n^2 \times h^2}{4 \times m \times \pi^2 \times r_n^2} \Rightarrow \boxed{r_n = \frac{n^2 \times h^2}{4 \times m \times Z \times k \times \pi^2 \times e^2}} \dots (3)$$

r_n est le rayon de l'orbite où circule l'électron et il est quantif.

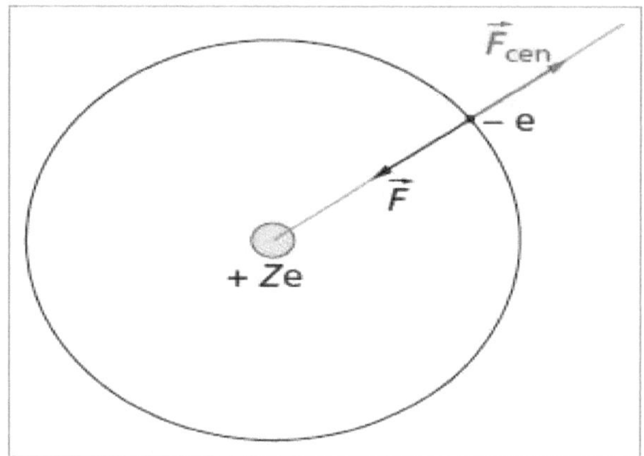

Figure IV.1 : Schéma de l'atome planétaire à un électron (orbite circulaire).

V. Energie de l'électron sur une orbite stationnaire.

L'énergie totale du système : $E_T = E_C + E_P$

L'énergie cinétique: $E_C = 1/2\ m \times v^2$

L'énergie potentielle est due à l'attraction du noyau : $EP = -\ z{\times}k{\times}e^2/r_n$

D'après l'équation (1) : $m \times v^2 = z{\times}k{\times}e^2/r_n$ donc ; $1/2\ m \times v^2\ = z{\times}k{\times}e^2/2{\times}r_n$

$E_{T} = z{\times}k{\times}e^2/2{\times}r_n$ $-\ z{\times}k{\times}e^2/r_n$ $\rightarrow E_T = z{\times}k{\times}e^2/2{\times}r_n$

$$E_T = \frac{Z{\times}k{\times}e^2}{2{\times}r_n} - \frac{Z{\times}k{\times}e^2}{r_n} \Longrightarrow \boxed{E_T = -\frac{Z{\times}k{\times}e^2}{2{\times}r_n}} \dots (4)$$

On remplace l'équation (3) dans (4)

$$\boxed{E_n = -\frac{2{\times}m{\times}Z^2{\times}k^2{\times}\pi^2{\times}e^4}{n^2{\times}h^2}} \dots\dots Eq\ IV.7$$

L'énergie d'un électron est quantifiée (elle est en fonction de 'n').

 $K = 9\ 10^9$; $e = 1{,}602\ 10^{-19}$ C ; $m = 9{,}1\ 10^{-31}$ kg et $1eV = 1{,}602\ 10^{-19}$ J

$$r_n = \boxed{\frac{h^2}{4{\times}m{\times}k{\times}\pi^2{\times}e^2}} \times \frac{n^2}{Z} \Longrightarrow r_n = \boxed{5{,}30\ \times 10^{-11}} \times \frac{n^2}{Z}\ (m)\ \dots\dots Eq\ IV.8$$

$$\Longrightarrow r_n = \boxed{0{,}53} \times \frac{n^2}{Z}\ (A°)\quad \dots\dots Eq\ IV.9$$

$$E_n = \boxed{-\frac{2{\times}m{\times}k^2{\times}\pi^2{\times}e^4}{h^2}} \times \frac{Z^2}{n^2} \Longrightarrow E_n = \boxed{-21{,}78 \times 10^{-19}} \times \frac{Z^2}{n^2}(J)\ \dots\dots Eq\ IV.10$$

$$\Longrightarrow E_n = \boxed{-13{,}61} \times \frac{Z^2}{n^2}\ (eV)\quad \dots\dots Eq\ IV.11$$

V.1 Relation entre le nombre d'onde et les niveaux d'énergie

$$\boxed{\Delta E = h\nu} \ ...\ (a)$$

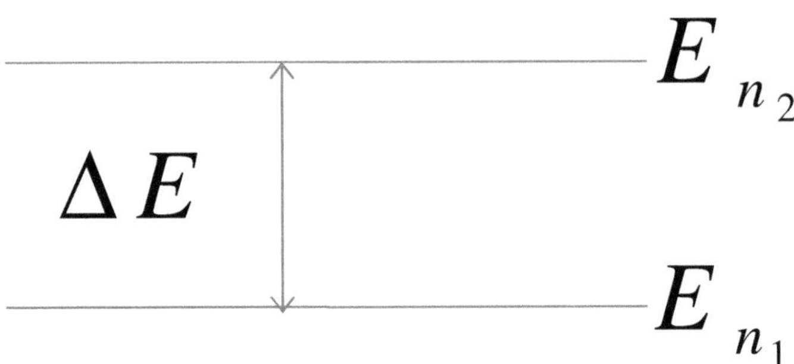

$\Delta E = E_{n2} - E_{n1}$ ....Eq IV.12

$\Delta E = - (2 \times m \times \pi^2 \times k^2 \times z^2 \times e^4 \ / \ h^2 n_2^2) + 2 \times m \times \pi^2 \times k^2 \times z^2 \times e^4 \ / \ h^2 n_1^2$

$\Delta E = - (2 \times m \times \pi^2 \times k^2 \times z^2 \times e^4 \ / \ h^2) \times (1/n_2^2 - 1/n_1^2)$

$\Delta E = (2 \times m \times \pi^2 \times k^2 \times z^2 \times e^4 \ / \ h^2) \times (1/n_1^2 - 1/n_2^2)$ ....(b)

Par identification de l'équation (a) et (b) :

$h \times \nu = (2 \times m \times \pi^2 \times k^2 \times z^2 \times e^4 \ / \ h^2) \times (1/n_1^2 - 1/n_2^2)$

$\nu = (2 \times m \times \pi^2 \times k^2 \times z^2 \times e^4 \ / \ h^3) \times (1/n_1^2 - 1/n_2^2)$ ....Eq IV.13 , $\nu = c/\lambda$ ....Eq IV.14

Où

C : vitesse de la lumière = $3\ 10^8$ m/s

λ : longueur d'onde

$c/\lambda = (2 \times m \times \pi^2 \times k^2 \times z^2 \times e^4 \ / \ h^3) \times (1/n_1^2 - 1/n_2^2)$

$1/\lambda = (2 \times m \times \pi^2 \times k^2 \times z^2 \times e^4 \ / \ c \times h^3) \times (1/n_1^2 - 1/n_2^2)$

$\bar{\nu} = \dfrac{1}{\lambda}$ $\bar{\nu}$: nombre d'onde (cm^{-1})

$\bar{\nu} = (2 \times m \times \pi^2 \times k^2 \times z^2 \times e^4 \ / \ c \times h^3) \times (1/n_1^2 - 1/n_2^2)$

$\bar{\nu} = R_{h_{H^+}} \times (1/n_1^2 - 1/n_2^2)$ ....Eq IV.15

$R_{h_{H^+}}$: constante de Rydberg = $1{,}096 \times 10^7$ m^{-1}

Où n_1 et n_2 sont des entiers avec $n_2 > n_1$.

Cette relation, nous permis de calculer les différentes longueurs d'onde. En général, on trouve plusieurs séries de spectre selon l'état « orbite » ou se trouve l'électron .

- Série de Lyman : $n_1 = 1$ et $n_2 \geq 2$ ($n_2 = 2,\ 3,\ \ldots \infty$)
- Série de Balmer : $n_1 = 2$ et $n_2 \geq 3$ ($n_2 = 3,\ 4,\ \ldots \infty$)
- Série de Paschen : $n_1 = 3$ et $n_2 \geq 4$ ($n_2 = 4,\ 5,\ \ldots \infty$)
- Série de Brackett : $n_1 = 4$ et $n_2 \geq 5$ ($n_2 = 5,\ 6,\ \ldots \infty$)
- Série de Pfunnd : $n_1 = 5$ et $n_2 \geq 6$ ($n_2 = 6, 7,\ \ldots \infty$)

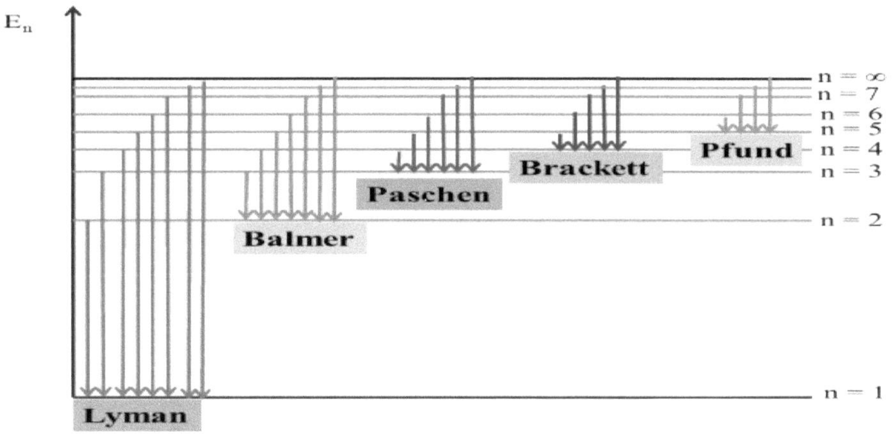

Figure IV.2. Les différentes séries de spectres [9]

V.2 Absorption et émission d'énergie

Un électron ne peut pas absorber ou libérer de l'énergie c'est-à-dire rayonné qu'en passant d'un niveau (orbite) à un autre.

La quantité d'énergie absorbée ou émise est égale à la différence d'énergie entre les deux niveaux (relation de Planck) .

$$\Delta E = E_f - E_i \ldots\ldots Eq\ IV.16$$

E_f : énergie de l'état final

E_i : énergie de l'état initial

V.2. a Absorption

Lorsqu'un électron passe d'un niveau de l'orbite n d'un rayon r_n à une orbite n+1 d'un rayon r_{n+1}, il absorbe une radiation de fréquence $v_{n+1 \to n}$

V.2. b Emission

Lorsqu'un électron passe d'un niveau de n+1 à un niveau n, il émet une radiation de fréquence $v_{n+1 \to n}$

On représente les niveaux et les transitions sur un diagramme énergétique (ou diagramme de niveaux). Pour H, on trouve bien toutes les séries de raies, dues aux photons émis pour les transitions possibles. Ce sont les séries de Lyman (n_f =1), Balmer (n_f = 2), Paschen ($n_{f=}$ 3), Brackett (n_f =4), Pfund (n_f =5) (Figure IV.3).

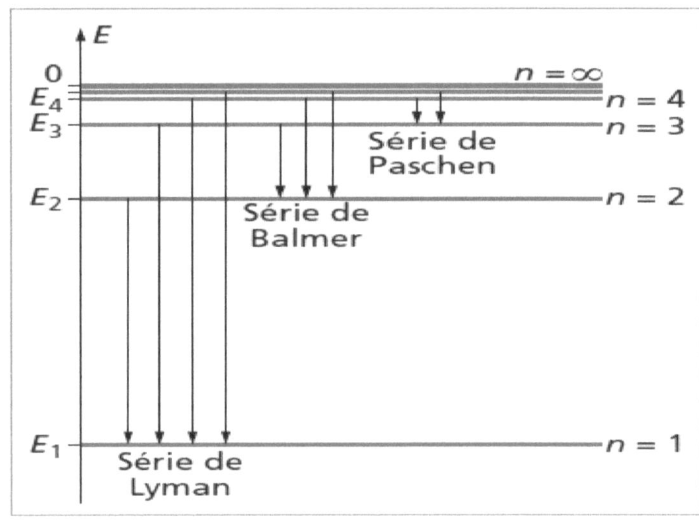

Figure IV.3. Les niveaux d'énergie de l'atome d'hydrogène.

V.3 Insuffisance du modèle de Bohr

Malgré l'arbitraire de ses deux hypothèses de quantification, le modèle de Bohr connut à l'époque un grand succès, car lui seul permettait de calculer la constante de Rydberg et de retrouver les raies d'émission des hydrogénoïdes. Par ailleurs, ce modèle, ainsi que l'intervention de la constante de Planck dans d'autres explications théoriques, prépara les savants à accepter l'idée que les conceptions de la physique classique ne suffisaient pas à la compréhension des phénomènes microscopiques.

V.4 Principe d'incertitude d'Heisenberg

Il est impossible de définir avec précision à la fois la position et la vitesse d'une particule.

Cela se traduit par la relation :

$$\Delta x \times \Delta v \geq h/m \quad \Rightarrow \quad \Delta x \times m\, \Delta v \geq h \quad \Rightarrow \Delta x \times \Delta p \geq h \quad .....\text{Eq IV.17}$$

Avec :

Δx : incertitude de la position

$\Delta p = m \times \Delta v$: incertitude sur la quantité de mouvement

V.5 Notion de la probabilité de présence

En mécanique classique (conception de Bohr), l'étude du mouvement d'un électron consiste à rechercher sa trajectoire avec précision, par contre en mécanique quantique on parle de la probabilité de trouver l'électron en un certain point de l'espace. Cette délocalisation dans l'espace est donnée par une fonction des coordonnées de l'électron appelée fonction d'onde Ψ. La probabilité de présence est :

$$dP = |\Psi(x, y, z, t)|^2 dv \qquad \text{.....Eq IV.18}$$

La fonction d'onde Ψ doit satisfaire une certaine condition de normalisation :

$$P = \int_{espace} |\Psi|^2 = 1 \quad \text{.....Eq IV.19}$$

On dit que la fonction d'onde est normée.

V.5.1 Equation de Schrödinger pour l'atome d'hydrogène

On appelle orbitales atomiques, les fonctions d'ondes des électrons atomiques. En 1926, Schrödinger a montré que la fonction d'onde et l'énergie E sont solution d'une équation aux dérivées partielles du second ordre. L'équation de Schrödinger s'écrit :

$$H\Psi = E\Psi \qquad \text{.....Eq IV.20}$$

C'est le principe fondamental de la mécanique quantique.

Avec :

E : énergie totale de l'électron, appelée valeur propre

Ψ : fonction d'onde appelée fonction propre

H est appelé l'opérateur Hamiltonien de l'atome d'hydrogène, il s'exprime :

$$H = \left(\frac{-h^2}{8\pi^2 m}\right)\Delta + v$$

m : masse de l'électron

Δ est le Laplacien $= \partial^2/\partial x^2 + \partial^2/\partial y^2 + \partial^2/\partial z^2$;

V : Opérateur de l'énergie potentiel

Cette équation peut se mettre sous la forme : $\left(\left(\frac{-h^2}{8\pi^2 m}\right)\Delta + v\right)\Psi = E\Psi$ .....Eq IV.21

La résolution de cette équation conduit aux différentes valeurs de E et de Ψ :

$$\boxed{E_n = -\frac{2 \times m \times Z^2 \times k^2 \times \pi^2 \times e^4}{n^2 \times h^2}} \qquad \text{…..Eq IV.22}$$

C'est la même expression que celle trouvée par le modèle de Bohr. Avec la mécanique quantique on peut aussi expliquer la quantification de l'énergie.

VI. Nombre quantique

On montre qu'il faut trois (3) nombres entiers (appelés nombres quantiques) pour numéroter n'importe quelle orbitale dans n'importe quel atome hydrogénoïde.

Ces trois nombres apparaissent naturellement lorsqu'on résout mathématiquement l'équation de Schrödinger : ce sont des indices de termes de développements en série. Ces trois indices sont :

✓ le nombre quantique principal n = 1, 2, 3, 4... Nous le connaissons déjà : c'est l'indice qui repère les niveaux d'énergie de l'atome. On dit aussi qu'il numérote la couche électronique. On pourra se rappeler techniquement que n est l'initiale de « niveau ».

Autre notation des couches (qui vient des spectres d'émission de rayons X) : K (n =1), L (n = 2), M (n = 3), N (n =4), ...

✓ le nombre quantique orbital l ; c'est un entier positif : $0 \leq l \leq n - 1$; par exemple, si n = 2, l peut prendre deux valeurs : 0 et 1. On dit qu'il numérote la sous-couche. On l'appelle aussi nombre quantique secondaire ou encore azimutal ;

✓ le nombre quantique magnétique m_l. C'est un entier positif ou négatif : $-l \leq m_l \leq +l$, soit 2 l = 1 valeurs possibles ; par exemple, si l = 0, m_l = 0 ; si l =1, m_l =−1, 0 ou +1.

Dans la notation spectroscopique, à chaque valeur de l, on lui fait correspondre une fonction d'onde que l'on désigne par une lettre :

- Si I = 0, On dit qu'on a l'orbitale S
- Si I = 1 -------- Orbitale P
- Si I = 2 -------- Orbitale D
- Si I = 3 -------- Orbitale F

Remarque :

Une orbitale est définie par les trois nombres n, l et m. Il est commode de représenter les orbitales à l'aide de cases quantiques :

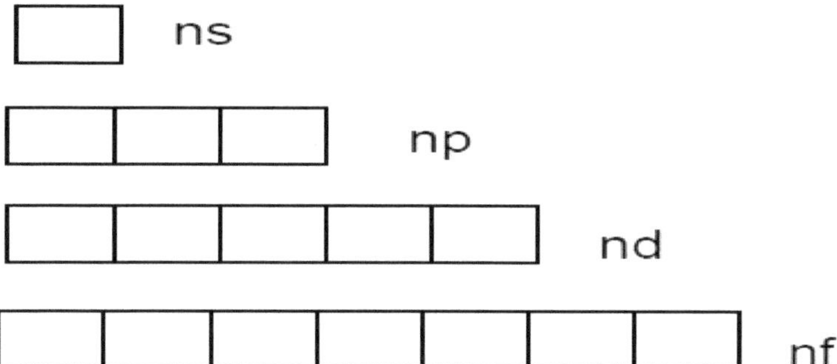

VI.1. La fonction spin-orbitale

Les trois nombres quantiques n,l, m déterminent l'orbitale atomique sur laquelle se trouve un électron, mais ne déterminent pas complètement l'électron lui-même. Plusieurs expériences ne sont explicables que si on suppose qu'il a un moment cinétique de rotation sur lui-même, le pivotement (en anglais : spin), phénomène dont l'équation de Schrödinger ne rend pas compte. Les particules autres que l'électron présentent aussi cette propriété.

L'usage a prévalu d'utiliser le mot anglais « spin » .

Le spin est caractérisé par un quatrième nombre quantique : ms. Pour un électron, ms ne peut prendre que l'une des deux valeurs + ½ ou - ½ . Celles-ci correspondent aux deux valeurs +- ½ que peut prendre le moment cinétique de pivotement.

VI.2. L'atome poly électronique

Dans le cas d'un atome poly électronique, chaque électron est soumis à l'attraction du noyau mais aussi à des forces de répulsion dues aux autres électrons du cortège. La résolution rigoureuse de l'équation de Schrödinger dans ce cas n'est pas possible, il faut donc faire appel à des méthodes d'approximation. L'approximation de Slater, consiste à remplacer pour chaque électron le numéro atomique (z) par z effectif (z_{eff}) .

VII. Configuration électronique

On construit la configuration en suivant les règles empiriques suivantes :

VII.1 Règle de construction (ou de remplissage) :

On répartit le nombre d'électrons de façon à ce que l'atome ait l'énergie la plus basse possible à l'état fondamental. On « remplit » donc les orbitales en respectant le principe de Pauli, en commençant par les énergies les plus basses, de proche en proche (règle de Klechkowski), jusqu'à épuisement des électrons. L'énergie de l'atome est la somme des énergies hydrogénoïdes des électrons individuels .

VII.2 Règle de Klechkowski (ordre de remplissage) :

Empiriquement, on constate que le remplissage des orbitales s'effectue dans l'ordre suivant :

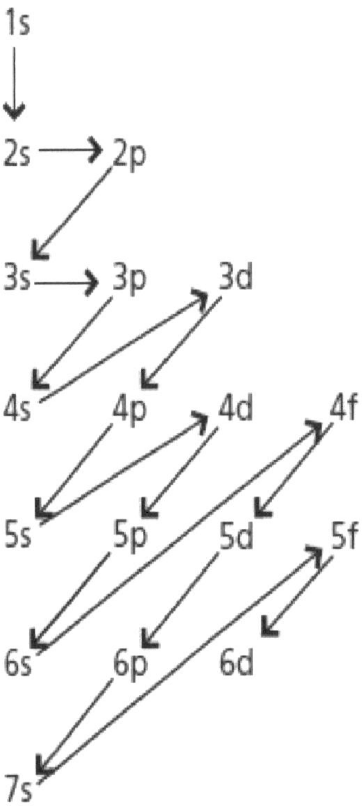

En fait, il y a beaucoup d'atomes qui font exception à cette règle ; par ordre de Z croissant : Cr, Cu, Nb, Mo, Ru, Rh, Pd, Ag, La,Gd, Pt, Au, Ac, Th, Pa, U...

VII.3 Règle de Hund :

Lorsque les électrons peuvent occuper des orbitales de même énergie de différentes manières distinctes, l'état de plus basse énergie est celui où le plus grand nombre de spins sont parallèles.

Lorsqu'une sous couche n'est pas complète, les électrons occupent le maximum d'orbitales avec des spins de même sens .

Exemples

$_5B$: $1S^2\, 2S^2\, 2p^1$ 

$_6C$: $1S^2\, 2S^2\, 2p^2$

La règle de Hund est indispensable lorsqu'on s'intéresse à une configuration électronique détaillée, comme celle où les orbitales sont représentées par des cases.

Ainsi, chaque orbitale atomique est remplie avec au plus deux électrons, et alors leurs spins sont forcément opposés (antiparallèles).

VII.4 Notations de la configuration

Deux notations sont couramment utilisées pour donner les configurations électroniques des atomes.

Dans la première notation, on écrit les symboles nl de l'orbitale et on met en exposant le nombre d'électrons. Rappelons qu'une sous-couche l a 2l+1 orbitales, correspondant aux valeurs possibles de ml. Exemples (à l'état fondamental) :

$_7N$: $1S^2\, 2S^2\, 2p^3$

$_6C$: $1S^2\, 2S^2\, 2p^2$

Exception à la règle de Klechkowski :

A partir de n = 4, le remplissage des orbitales atomiques ne respecte pas rigoureusement la règle de Klechkowski. De nombreuses irrégularités apparaissent dans le remplissage des sous couches d.

Exemple

$_{24}$Cr : $1S^2\ 2S^2\ 2p^6\ 3S^2\ 3p^6\ 4S^2\ 3d^4$

$\qquad\qquad\qquad\qquad 3d^5\ 4S^1$

$_{29}$Cu : $1S^2\ 2S^2\ 2p^6\ 3S^2\ 3p^6\ 4S^2\ 3d^9$

$\qquad\qquad\qquad\qquad 3d^{10}\ 4S^1$

On accole les cases représentant des orbitales de même l. Dans ces cases quantiques, on place les électrons, représentés chacun par une flèche qui symbolise le spin : la flèche vers le haut notant le spin $+1/2$ et la flèche vers le bas le spin $-1/2$, deux électrons dans la même case devant être notés :

VII.5 Règle de Slater

Elle donne des valeurs de coefficients d'écrans et permettent de calculer le numéro atomique effectif (z_{eff} et $z_{eff} < z$) et par conséquent le rayon atomique (r_a), l'énergie (E_n) et le potentiel de la première ionisation (PI_1) .

$$Z_{eff}\ = Z - \sigma_{ij}\ \ldots\ldots Eq\ IV.23$$

σ_{ij} : constante d'écran

VIII. Constante d'écran

Considérons un électron e_i dans un atome polyélectronique. Il est en interaction avec le noyau et tous les autres électrons. Son attraction par la charge Z_{eff} du noyau est atténuée par la répulsion des autres électrons. Ces autres électrons jouent le rôle d'un écran à l'attraction du noyau sur l'électron e_i. Tout se passe alors comme si une charge amoindrie Z_{eff} agissait sur e_i, où Z_{eff} est un numéro atomique effectif inférieur à Z. Ce nombre Z_{eff} est d'autant plus inférieur à Z qu'il y a beaucoup d'électrons entre e_i et le noyau, c'est-à-dire que e_i est plus externe. Pour estimer les Z_{eff}, il faut retrancher à Z les effets des divers électrons autres que ei. On attribue empiriquement à chaque électron e_j situé entre e_i et le noyau une constante d'écran σ_{ij} qui dépend donc de e_j et aussi de e_i, puisqu'elle sera d'autant plus importante que e_j sera près du noyau et e_i loin du noyau. On attribue des valeurs nulles aux constantes d'écran des électrons e_j placés plus loin du noyau que l'électron e_i. Ces valeurs (tableau IV.1) ont été déterminées empiriquement par une moyenne sur plusieurs atomes en partant des énergies d'ionisation expérimentales :

on pose

$$E_I = 13{,}6 \times Z_{eff}^{2} / n^2$$

		e_j							
		$1s$	$2s, 2p$	$3s, 3p$	$3d$	$4s, 4p$	$4d$	$4f$	$5s, 5p$
e_i	$1s$	0,31	0	0	0	0	0	0	0
	$2s, 2p$	0,85	0,35	0	0	0	0	0	0
	$3s, 3p$	1	0,85	0,35	0	0	0	0	0
	$3d$	1	1	1	0,35	0	0	0	0
	$4s, 4p$	1	1	0,85	0,85	0,35	0	0	0
	$4d$	1	1	1	1	1	0,35	0	0
	$4f$	1	1	1	1	1	1	0,35	0
	$5s, 5p$	1	1	1	1	0,85	0,85	0,85	0,35

Tableau IV.1. Valeurs des σ_{ij} (« écrantage » de e_i par e_j) [9].

Exemples

Calculer le numéro atomique effectif de $_6C$ et $_{17}Cl$

$_6C : 1S^2 \underline{2S^2\, 2p^2}$

$Z_{eff} = 6 - (3 \times 0{,}35 + 2 \times 0{,}85) \Rightarrow z_{eff} = 3{,}25$

$_{17}Cl : 1S^2 \underline{2S^2\, 2p^6} \underline{3S^2\, 3p^5}$

$Z_{eff} = 17 - (6 \times 0{,}35 + 8 \times 0{,}85 + 2 \times 1) \Rightarrow z_{eff} = 6{,}1$

Exercices Chapitre 4

Exercice 01

1) Etablissez la configuration électronique des éléments suivants :

$_{28}$Ni, $_{18}$Ar, $_{14}$Si, $_{16}$S, $_{46}$Pb

2) Calculer le $Z_{effectif}$ de chaque élément.

3) Calculer pour chaque élément le rayon d'orbite de l'électron qui se trouve sur la dernière couche

4) Calculer en (ev) puis en joule, pour chaque élément l'énergie de l'électron qui se trouve sur la dernière couche.

Exercice 02

1) Les séries suivantes de valeurs pour les nombres quantiques caractérisant un électron sont-il possibles ou non ? Justifier votre réponse

    a- $n = 2,\ l = 0,\ m = 0$

    b- $n = 2,\ l = 1,\ m = -1$

    c- $n = 2,\ l = 2,\ m = 0$

    d- $n = 4,\ l = 1,\ m = -2$

2) Voici des structures électroniques écrites à l'aide des cases quantiques. Corriger celles qui ne sont pas correcte

a- 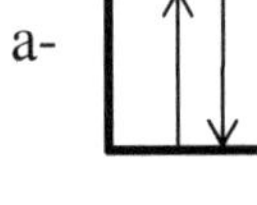 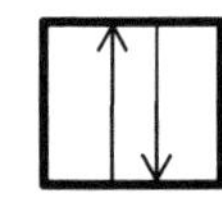 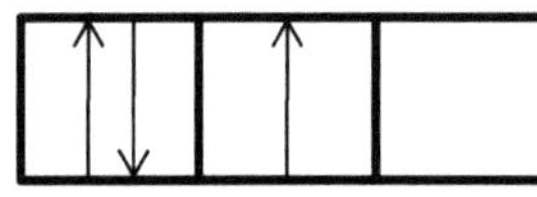

b- 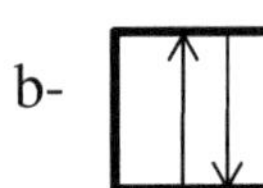 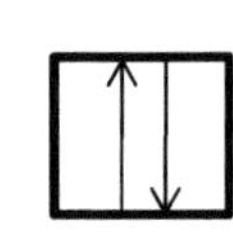 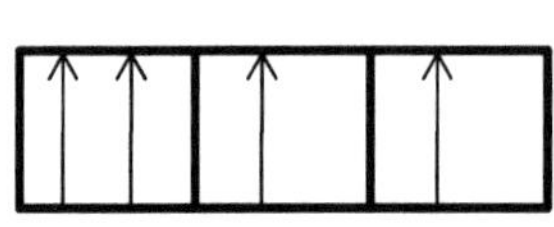

c- 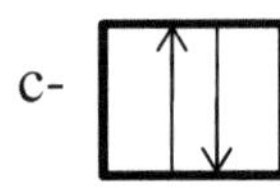 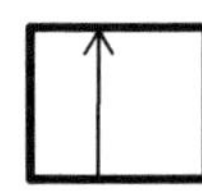 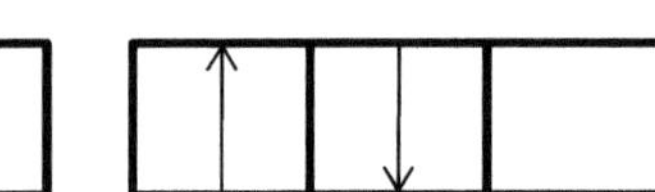

3) On donne les structures électroniques de la dernière couche de deux éléments X et Y.

Quelles sont celles qui ne respectent pas les règles de Klechkowski.

Expliquer.   a- $X : n\,S^2\,(n\text{-}1)\,d^2$

              b- $Y : n\,S^2\,(n\text{-}1)\,d$

$$\text{Corrigé des exercices \quad Chapitre 4}$$

Exercice 01

1) $_{28}$Ni: $1s^2\,2s^2\,2p^6\,3s^2\,3p^6\,4s^2\,3d^8$

$_{18}$Ar : $1s^2\,2s^2\,2p^6\,3s^2\,3p^6$

$_{14}$Si : $1s^2\,2s^2\,2p^6\,3s^2\,3p^2$

$_{16}$S: $1s^2\,2s^2\,2p^6\,3s^2\,3p^4$

$_{46}$Pb: $1s^2\,2s^2\,2p^6\,3s^2\,3p^6\,4s^2\,3d^{10}\,4p^6\,5s^2\,4d^8$

2) $_{28}$Ni : $Z_{eff} = 28 - (1 \times 0,35 + 8 \times 0,85 + 8 \times 0,85 + 8 \times 1 + 2 \times 1)$ $\qquad Z_{eff} = 4,05$

$_{18}$Ar : $Z_{eff} = 18 - (7 \times 0,35 + 8 \times 0,85 + 2 \times 1)$ $\qquad Z_{eff} = 6,75$

$_{14}$Si : $Z_{eff} = 14 - (3 \times 0,35 + 8 \times 0,85 + 2 \times 1)$ $\qquad Z_{eff} = 4,15$

$_{16}$S : $Z_{eff} = 16 - (5 \times 0,35 + 8 \times 0,85 + 2 \times 1)$ $\qquad Z_{eff} = 5,45$

$_{46}$Pb : $Z_{eff} = 46 - (1 \times 0,35 + 8 \times 0,85 + 8 \times 0,85 + 28 \times 1)$ $\qquad Z_{eff} = 4,05$

3) $r_a = h^2 / (4 \times \pi^2 \times k \times m \times e^2)$ $\qquad r_a = 0,53 \times (n^2 / Z_{eff})$ $(A°)$

$_{28}$Ni : $n=4$ $\qquad Z_{eff} = 4,05$ $\qquad r_a = 2,09\ A°$

$_{18}$Ar : $n=3$ $\qquad Z_{eff} = 6,75$ $\qquad r_a = 0,706\ A°$

$_{14}$Si : $n=3$ $\qquad Z_{eff} = 4,15$ $\qquad r_a = 1,15\ A°$

$_{16}$S : $n=3$ $\qquad Z_{eff} = 5,45$ $\qquad r_a = 0,875\ A°$

$_{46}$Pb : $n=5$ $\qquad Z_{eff} = 4,05$ $\qquad r_a = 3,27\ A°$

4) $E_n = - [(4 \times \pi^2 \times k^2 \times m \times e^4) / h^2] * (Z^2_{eff} / n^2) = -13,6 * (Z^2_{eff} / n^2)$ [ev]

Et $\quad 1\ ev = 1,6 \times 10^{-19}$ Joules

- $_{28}$Ni : $n=4$ $\quad Z_{eff} = 4,05$ $\quad E_n = -13,94\ ev$ $\quad E_n = -22,3 \times 10^{-19}$ Joules

- $_{18}$Ar : $n=3$ $\quad Z_{eff} = 6,75$ $\quad E_n = -68,85\ ev$ $\quad E_n = -110,16 \times 10^{-19}$ Joules

- $_{14}$Si : $n=3$ $\quad Z_{eff} = 4,15$ $\quad E_n = -26,02\ ev$ $\quad E_n = -41,64 \times 10^{-19}$ Joules

- $_{16}$S : $n=3$ $\quad Z_{eff} = 5,45$ $\quad E_n = -44,88\ ev$ $\quad E_n = -71,8 \times 10^{-19}$ Joules

- $_{46}$Pb : n=5 Z_{eff}= 4.05 E_n = 8,92 ev E_n = -14,27×10^{-19} Joules

Exercice 02

1)

   a- n = 2, l = 0, m = 0 oui $(0 \leq l \leq n - 1$ et $-l \leq m \leq l)$

   b- n = 2, l = 1, m = -1 oui $(0 \leq l \leq n - 1$ et $-l \leq m \leq l)$

   c- n = 2, l = 2, m = 0 non $(0 \leq l \leq n - 1)$

   d- n = 4, l = 1, m = -2 non $(-l \leq m \leq l)$

2)

   a- n'est pas correcte la règle de Hund n'est pas respecté

   b- n'est pas correcte la règle de Pauli n'est pas respecté

   a- n'est pas correcte la règle de Hund n'est pas respecté

3)

a-n'est pas correcte les é de la couche (n-1) d^2 sont plus près du noyau que celle de la couche n S^2

b- n'est pas correcte les é de la couche (n-1) d^9 sont plus près du noyau que celle de la couche n S^2 et en plus la couche S empreinte un é à la couche d et sa devient (n-1) d^{10} n S^1

Chapitre 5

Classification périodique des éléments

Introduction

Après des tentatives des défirent savants, Mendeleïev qui a proposé en 1869 une classification périodique de tous les éléments connus à l'époque, basée sur les analogies de leurs propriétés chimiques. Il avait réservé 24 cases vides pour des éléments inconnus, qui, plus tard, ont tous été découverts, ce qui a constitué une éclatante confirmation de l'exactitude de sa classification. Avec quelques modifications, c'est la classification périodique telle qu'on la connaît aujourd'hui, qui peut être entièrement expliquée par la configuration électronique.

Les lignes s'appellent les périodes : la première période, qui ne contient que deux éléments, H et He, correspond au remplissage de la couche n =1 ; la deuxième période commence à Li et correspond au remplissage de la couche n =2. Les colonnes sont aussi appelées familles ou groupes ; les éléments en colonne ont des propriétés chimiques et physiques semblables. C'est la périodicité de ces propriétés qui est la raison du qualificatif « périodique » attribué à la classification des éléments.

I. Description du tableau périodique de Mendeleïev

Le tableau périodique est une conséquence des configurations électroniques. La classification périodique est basée sur la formation de groupes constitués par les éléments (de numéro atomique Z) possédant des propriétés analogues.

> ➤ Le tableau périodique est constitué de 4 blocs : s, p, d et f.
> ➤ Les éléments d'une même ligne horizontale du tableau périodique constituent une période.   Ils sont au nombre de 7.
> ➤ Les éléments d'une même colonne ayant la même configuration électronique de la couche externe constituent une famille ou groupe.

Le tableau périodique est constitué de 18 colonnes réparties en 9 groupes. Les 7 premiers comportent chacun deux sous-groupes A et B selon l'état des électrons externes.

Sous-groupe A : contient les éléments dont la couche externe est ns np.

Sous-groupe B : contient les atomes qui possèdent un état d.

Les indices I, II, III,… indiquent le nombre d'électrons sur la couche externe, appelés électrons de valence.

I.1 Bloc s

Le bloc s est constitué des éléments présents dans les colonnes 1 (métaux alcalins) et 2 (métaux alcalino-terreux) du tableau périodique des éléments, ainsi que de l'hydrogène et de l'hélium. On les appelle ainsi parce que leur orbitale la plus haute (en énergie) occupée est de type s.

I.2 Bloc p

Le bloc P est constitué des éléments présents dans les colonnes 13 à 18 du tableau périodique des éléments. On les appelle ainsi parce que leur orbitale la plus haute (en énergie) occupée est de type p. Ce bloc comporte les icosagènes (colonne 13), les cristallogènes (colonne 14), les pnictogènes (colonne 15), les chalcogènes (colonne 16), les halogènes (colonne 17), et les gaz rares(colonne 18), à l'exception de l'Hélium.

I.3 Bloc d

Le bloc d est constitué des éléments présents dans les colonnes 3 à 12 du tableau périodique des éléments. On les appelle ainsi parce que l'orbitale la plus haute (en énergie) occupée est de type d.

I.4 Bloc f

Le bloc f est constitué des éléments de transition interne du tableau périodique des éléments : les lanthanides et les actinides. Ils sont appelés ainsi parce que l'orbitale la plus haute (en énergie) occupée de ces atomes est de type f

II. Caractéristiques de quelques familles

Voyons les propriétés caractéristiques de quelques familles

II.1 Famille des alcalins : Groupe IA

Les éléments dont la configuration électronique externe est du type ns^1.

II.2 Les alcalino-terreux

Dans la colonne IIA se trouvent les métaux alcalino-terreux : Be, Mg, Ca, Sr, Ba, Ra.

Tous ces éléments ont tendance à céder chimiquement deux électrons pour donner des ions. Cette électropositivité est légèrement plus faible que celle des alcalins, mais croît (leur électronégativité décroît) du Be au Ba. Ils réagissent avec les halogènes pour former des composés ioniques solides.

II.3 Famille des halogènes : Groupe VIIA

Leurs configurations électroniques externes sont de type ns^2np^5.

II.4 Eléments des triades

Ces éléments constituent le groupe VIII. On distingue trois types de triades :

- Triade du Fer (Fe, Co, Ni)

- Triade du palladium (Ru, Rh, Pd)

- Triade du platine (Os, Ir, Pt)

Exemple

$_{26}$Fe : $1S^2\ 2S^2\ 2p^6\ 3S^2\ 3p^6\ 4S^2\ 3d^6$

$$3d^6\ 4S^2$$

Période : 4   Groupe : VIII

II.5 Famille des métaux de transition

On appelle métal de transition un élément chimique du bloc d du tableau périodique qui n'est ni un lanthanide ni un actinide. Il s'agit des 38 éléments des périodes 4 à 7 et des groupes 3 à 12 hormis le lutécium $_{71}$Lu (un lanthanide) et le lawrencium $_{103}$Lr (unactinide).

Les métaux de transition sont tous des métaux et conduisent l'électricité.Les métaux de transition ont en général une densité ainsi qu'une température de fusion et de vaporisation élevées, sauf ceux du groupe 12, qui ont au contraire un point de fusion assez bas, le mercure est ainsi liquide au-dessus de -38,8 °C et le copernicium $_{112}$Cn serait peut-être même gazeux à température ambiante. Ces propriétés proviennent de la capacité des électrons de la sous-couche d à se délocaliser dans le réseau métallique. Dans les substances métalliques, plus le nombre d'électrons partagés entre les noyaux est grand, plus grande est la cohésion du métal. Certains métaux de transition forment de bons catalyseurs homogènes et hétérogènes.

II.6 Les chalcogènes

Passons à la famille des chalcogènes : O, S, Se, Te, Po (colonne VIA). Ils ont tendance à capturer deux électrons pour arriver à la structure électronique du gaz rare le plus proche.

Bien que leur réactivité chimique soit plus faible que celle des halogènes, elle reste très élevée. Dans leur combinaison avec H, ils s'unissent à deux atomes H. On obtient H_2O, H_2S, H_2Se, H_2Te. La valence des chalcogènes est donc 2.

II.7 Halogènes : avant dernière colonne

Les éléments de la colonne précédente (colonne VIIA) : fluor, chlore, brome, iode, astate constituent la famille des halogènes. Ils ont un proton de moins que le gaz rare suivant, donc aussi un électron de moins. Ils ont une très grande réactivité chimique qui s'explique par leur très forte tendance à capter un électron pour acquérir la structure électronique du gaz rare qui suit, en formant facilement des ions négatifs de charge $-e$ qui sont très stables : F^-, Cl^-, ... Ils sont donc électronégatifs.

II.8 Gaz rare : dernière colonne

Les gaz inertes ou gaz rares sont des éléments de la dernière colonne du tableau périodique. Ils ont huit électrons de valence ($ns^2\ np^6$) à l'exception de l'hélium qui n'en possède que deux (ns^2). Les gaz inertes portent leur nom dû au fait qu'ils forment tous des gaz à l'état pur, ils sont aussi très peu réactifs (inertes) et sont relativement rares dans l'atmosphère terrestre.

- Ce sont tous des non-métaux.
- Ils sont incolores à l'état naturel.
- Ils produisent de la lumière colorée lorsqu'ils sont soumis à une tension électrique à basse pression.
- Ils ont une très faible réactivité chimique.

II.9 Eléments des terres rares

Ces éléments possèdent les orbitales f en cours de remplissage. On distingue les éléments qui correspondent au remplissage de l'orbitale 4f : on les appelle les lanthanides. Ceux qui correspondent au remplissage de l'orbitale 5f sont appelés les actinides.

II.9.1 Lanthanide

Ces les quinze éléments chimiques dont le numéro atomique est compris entre 57 (lanthane) et 71 (lutécium). Ce sont des métaux brillants avec un éclat argenté qui ternissent rapidement lorsqu'ils sont exposés à l'air libre. Ils sont de moins en moins mous au fur et à mesure que leur numéro atomique augmente. Leur température de fusion et leur température d'ébullition sont élevées. Ils réagissent violemment avec la plupart des non-métaux et brûlent dans l'air. Cette propriété est exploitée dans les pierres à briquet qui sont constituées d'un alliage de lanthanides.

Ces éléments ne sont pas rares dans le milieu naturel, le cérium $_{58}$Ce étant le $26^{\text{ème}}$ ou $27^{\text{ème}}$ élément le plus abondant de la croûte terrestre (abondance similaire au cuivre). Le néodyme $_{60}$Nd est plus abondant que le cobalt, et le lutécium $_{71}$Lu.

II.9.2 Actinide

Les actinides sont une série chimique du tableau périodique des éléments de 15 espèces chimiques se situant entre l'actinium et le lawrencium, possédant donc un numéro atomique entre 89 et 103 inclus. Ils tirent leur nom de l'actinium (Z=89), un métal lourd, car ils possèdent des propriétés chimiques voisines. Ce sont des métaux lourds.

Les actinides sont tous radioactifs. Ils sont tous fissibles en neutrons rapides et quelques-uns en neutrons thermiques.

L'uranium et le thorium, qui sont relativement abondants à l'état naturel du fait de la très longue demi-vie de leurs isotopes les plus stables, sont des actinides. On trouve également dans la nature de l'actinium et du protactinium dans la chaîne de désintégration du thorium 232 et celle de l'uranium 235.

Les actinides comprennent des éléments artificiels, les transuraniens, plus lourds que l'uranium : ils sont générés par des captures de neutrons qui n'ont pas été suivies de fissions. L'actinide produit le plus abondamment est le plutonium, avec en tête son principal isotope le plutonium-239.

II.10 Métaux

Dans le tableau périodique des éléments la diagonale partant du bore B et allant jusqu'au polonium Po sépare les éléments métalliques des éléments non métalliques. Les éléments placés sur cette ligne sont des métalloïdes.

De plus, le caractère métallique des éléments d'une même colonne augmente avec le nombre d'électrons. Par exemple, le carbone-diamant (Z=6) est un isolant, le silicium (Z=14) est un semi-conducteur et l'étain (Z=50) est un métal.

Les métaux sont en général des solides propres et cristallins dans les conditions normales de température et de pression, le mercure est toutefois une exception notable puisqu'il est le seul métal à l'état liquide dans les conditions normales (25 °C sous pression atmosphérique).

L'hydrogène n'est pas cité habituellement comme un métal, bien que sa position sur le tableau périodique des éléments, son aptitude à donner facilement des ions positifs et les découvertes récentes sur l'hydrogène métallique le permettraient.

Les métaux ont toujours un nombre d'oxydation positif ,ils ne forment donc que des cations.

La plupart du temps, les métaux sont extraits sous forme minérale plus ou moins cristallisée (cristal) dans leurs minerais et presque toujours combinés à un ou plusieurs autres atomes.

II.11 Non-métaux

Les non-métaux forment une série chimique du tableau périodique qui regroupe les éléments qui ne sont ni des métaux, ni des métalloïdes, ni des halogènes, ni des gaz rares. Cette série comprend l'hydrogène, le carbone, l'azote, l'oxygène, le phosphore, le soufre et le sélénium.

II.12 La classification périodique

La classification périodique classe les éléments chimiques par famille, chaque famille correspondant à des propriétés chimiques voisines. La masse des éléments augmente progressivement au fur et à mesure que l'on se déplace vers le bas du tableau .

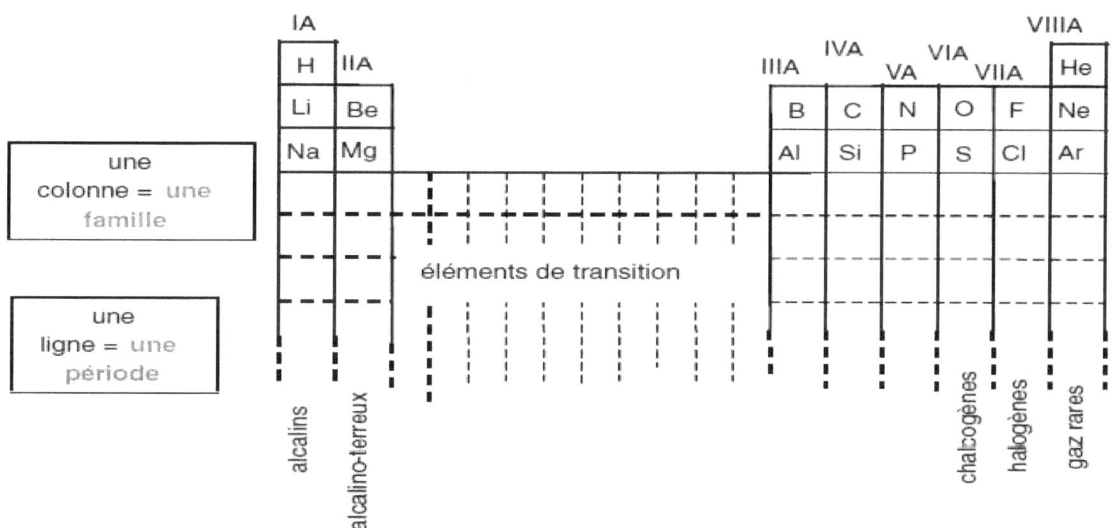

Tableau V.1 : classification périodique

III .Périodicité des propriétés .

III.1 Rayon atomique r_a

On peut définir le rayon atomique comme étant la moitié de la distance entre les centres des deux atomes liés par une liaison simple.

• Sur une période : si Z augmente alors r_a diminue

• Sur une colonne : si Z augmente alors r_a augmente

III.2 Rayon ionique r_i

D'une manière générale :

* Les cations sont plus petits que leurs atomes parents : r_i (cation) < ra

* Les anions sont plus gros que leurs atomes parents : r_i (anion) > ra

* Pour les ions ayant la même configuration électronique (S_2^-, Cl^-, K^+, Ca^{2+}, Ti^{4+},…) .

si Z augmente ; r_i diminue

* A charges égales, le rayon ionique varie dans le même sens que le rayon atomique :

si Z augmente alors r_i diminue

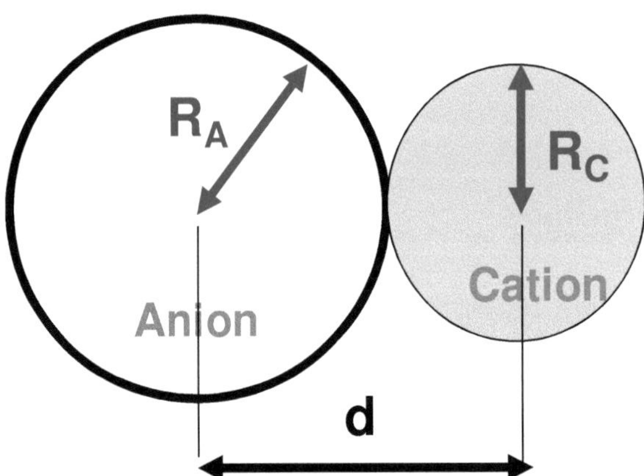

Figure V.1 : La distance internucléaire

Si on exprime le rapport R_a / R_c , on aura :

$R_a/R_c = (k \times (n_a^2/z_{effa})) / (k \times (n_c^2/z_{effc})) => R_a/R_c = k \times n_a^2 / z_{effa} \times k \times n_c^2 / z_{effc} =>$

$R_a/R_c = n_a^2/ n_c^2 \times z_{effc} / z_{effa}$ …..Eq V.1

On pose :

$K = n_a^2/ n_c^2 \times z_{effc} / z_{effa} => R_a = K \times R_c$

Dans un solide ionique, Pauling a fait l'hypothèse de deux ions sphériques en contact, la distance internucléaire dans le cristal est alors simplement la somme des deux rayons ioniques

$$d = R_a + R_c \quad \ldots\ldots \text{Eq V.2}$$

d : distance internucléaire

$$\Rightarrow \quad d = K \times R_c + R_a \quad \Rightarrow \quad d = R_c \times (k+1) \Rightarrow R_c = d / (k+1) \ldots\ldots \text{Eq V.3}$$

$$\text{et} \quad R_c = k \times d / (k+1) \quad \ldots\ldots \text{Eq V.4}$$

Remarque

Pour les ions ayant la même configuration électronique : si Z_{eff} augmente ; r_i diminue

A charges égales, le rayon ionique varie dans le même sens que le rayon atomique : si Z_{eff} augmente alors r_i diminue

IV. Energie d'ionisation (EI)

C'est l'énergie qu'il faut fournir pour arracher un électron à un atome (ou à un ion) dans l'état fondamental et à l'état gazeux.

• Sur une même période : si Z augmente alors E.I augmente.

• Sur un même groupe : si Z augmente alors E.I diminue.

V. Affinité électronique

Définition : L'affinité électronique A est la différence entre l'énergie totale de l'atome et l'énergie totale de l'ion une fois négatif, chacun dans leur état fondamental :

$$A = E_A - E_{A-} > 0 \text{ ou } < 0$$

Elle correspond à la réaction : $\quad A^- \rightarrow A + e^-$

H 2,1											
Li 1,0	Be 1,5						B 2,0	C 2,5	N 3,0	O 3,5	F 4,0
Na 0,9	Mg 1,2						Al 1,5	Si 1,8	P 2,1	S 2,5	Cl 3,0
K 0,8	Ca 1,0	Cr 1,6	Fe, Co 1,8	Ni 1,8	Cu 1,9	Zn 1,6	Ga 1,6	Ge 1,8	As 2,0	Se 2,4	Br 2,8
Rb 0,8	Sr 1,0	Mo 1,8		Pd 2,2	Ag 1,9	Cd 1,7	In 1,7	Sn 1,8	Sb 1,9	Te 2,1	I 2,5
Cs 0,7	Ba 0,9	W 1,7		Pt 2,2	Au 2,4	Hg 2	Tl 2	Pb 1,9	Bi 2	Po 2	At 2,2
Fr 0,7	Ra 0,9										

Tableau V.1 Affinités électroniques de quelques éléments

VI. Electronégativité (E.N)

C'est le pouvoir d'attirer un électron par un élément. Un élément qui perd facilement un ou plusieurs électrons est dit électropositif. L'électronégativité χ d'un élément X peut être définit selon plusieurs échelles .

VI.1 Echelle de Mulliken

Originellement, Mulliken avait défini l'électronégativité comme étant la moyenne entre l'énergie de première ionisation et l'électroaffinité de l'élément. Un atome très électronégatif attire fortement les électrons, il sera donc difficile de lui en arracher un (E.I.$_1$élevé) et inversement facile de lui en rajouter un (E.A élevé).

$$x_m = {}^1/_2 \, (EI_1 + EA) \ \ldots\ldots.\text{Eq V.5}$$

Dans cette échelle, la différence d'électronégativité entre deux éléments est évaluée par la formule : $(\Delta x)^2 = E_{AB} - \sqrt{E_{AA} - E_{BB}}$ $\ldots\ldots.$Eq V.6

E_{AB} , E_{AA} et E_{BB} sont les énergies des liaisons A-B , A-A et B-B exprimée en eV.

L'élément de référence est le Fluor auquel Pauling a attribué une électronégativité de $X_F = 4$

VI.2 Allred et Rochow

Dans cette échelle l'électronégativité est proportionnelle à la force attractive donnée par la loi de Coulomb liant l'électron au noyau .

$$\left|\vec{F_a}\right| = \frac{Z \times k \times e^2}{d^2} \Rightarrow \left|\vec{F_a}\right| = \frac{Z_{eff} \times k \times e^2}{R^2}$$

$$X_{AR} = \frac{Z_{eff}}{R_{cov}^2}$$

R_{cov} est le rayon de covalence de l'atome considéré.

Cette échelle est la plus satisfaisante au point de vue physique car c'est elle qui reflète le mieux la réalité physique de l'attraction de l'électron par le noyau.

Pour qu'elle conduise à des valeurs proches de celles de Pauling on a ajouté des coefficients dans son expression.

$$X_{AR} = a\left(\frac{Z_{eff}}{R_{cov}^2}\right) + b$$

$a = 0{,}34$ et $b = 0{,}67$ $\quad$ avec $\quad$ R_{cov} exprimé en A$^\circ$

$$X_{AR} = 0{,}34\left(\frac{Z_{eff}}{R_{cov}^2}\right) + 0{,}67 \ \ldots\ldots.\text{Eq V.7}$$

Cette variation est normale car :

- Dans l'échelle d'Alred et Rochow X est inversement proportionnel à R^2

- Dans l'échelle de Mulliken X dépend essentiellement de E.I (EA est toujours beaucoup plus faible que E.I)

- Un atome petit à ses électrons de valence plus proches qu'un atome gros, les atomes petits attirent donc mieux les électrons que les gros et sont donc plus électronégatifs.

Exercices Chapitre 5

Exercice 1

1) Donner la position des éléments suivants dans le tableau périodique :

$$_7N, \ _{17}Cl, \ _{21}Sc, \ _{24}Cr, \ _{26}Fe, \ _{29}Cu, \ _{30}Zn, \ _{47}Ag$$

2) Le césium (Sb) appartient à la même famille que l'azote ($_7N$) et à la même période que l'argent ($_{47}Ag$). Donner sa configuration électronique et son numéro atomique Z.

3) Déterminer l'énergie de la première ionisation de l'azote ($_7N$).

Exercice 2

Soit les atomes suivants : C(6), P(15), V(23), Cr(24), Co(27) et Zn(30).

1) Donner la localisation de ces éléments dans le tableau périodique (indiquer le groupe et la période), précisez les électrons de cœur et les électrons de valence, ainsi que le nombre d'électrons célibataires.

2) Classer ces éléments par ordre croissant pour les éléments appartenant à la même période, puis au même groupe par rapport à leurs:

     a) L'Energie d'ionisation

     b) Le rayon

     c) L'électronégativité

Exercice 1

1) la position des éléments suivants dans le tableau périodique :

Eléments	Structure électronique	Période	Groupe
$_7$N	$1s^2 2s^2 2p3$	2	V$_A$
$_{17}$Cl	$1s^2 2s^2 2p^6 3s^2 3p^5$	3	VII$_A$
$_{21}$Sc	$1s^2 2s^2 2p^6 3s^2 3p^6 4s^2 3d^1$	4	III$_B$
$_{24}$Cr	$1s^2 2s^2 2p^6 3s^2 3p^6 4s^1 3d^5$	4	VI$_B$
$_{26}$Fe	$1s^2 2s^2 2p^6 3s^2 3p^6 4s^2 3d^6$	4	VIII$_B$
$_{29}$Cu	$1s^2 2s^2 2p^6 3s^2 3p^6 4s^1 3d^{10}$	4	I$_B$
$_{30}$Zn	$1s^2 2s^2 2p^6 3s^2 3p^6 4s^2 3d^{10}$	4	II$_B$
$_{47}$Ag	$1s^2 2s^2 2p^6 3s^2 3p^6 4s^2 3d^{10} 4p^6 5s^1 4d^{10}$	5	I$_B$

2) configuration électronique et son numéro atomique Z du Sb:

- le Sb appartient à la même famille que le $_7$N

c.à.d. que le Sb appartient a la famille V$_A$ (sa configuration électronique termine par np^3)

- le Sb appartient à la même période que le $_{47}$Ag

c.à.d. que le Sb appartient à la période 5 (n = 5)

Sb : $1s^2 2s^2 2p^6 3s^2 3p^6 4s^2 3d^{10} 4p^6 5s^2 4d^{10} 5p^3$ (période 5 et groupe VA)

avec Z = 51(nombre atomique)

3) l'énergie de la première ionisation du Carbone ($_7$N) :

$$N \rightarrow N^+ + 1\,e^-$$

$$PI_1 = |E_{N^+} - E_N|$$

$$E_{N^+} = 2E_{1S} + 4E'_{2S2p}$$

$$E_N = 2E_{1S} + 5\,E_{2S2p}$$

$_7$N : $1S^2 \lfloor 2S^2 2p^3 \rfloor$

$$Z_{eff} = 7 - (4 \times 0{,}35 + 2 \times 0{,}85) \Rightarrow \boxed{Z_{eff} = 3{,}9}$$

$_7$N$^+$: $1S^2 \lfloor 2S^2 2p^2 \rfloor$

$$Z'_{eff} = 7 - (3 \times 0{,}35 + 2 \times 0{,}85) \Rightarrow \boxed{Z_{eff} = 4{,}25}$$

$$PI_1 = \left|\left(2E_{1S} + 4E'_{2S2p}\right) - \left(2E_{1S} + 5\,E_{2S2p}\right)\right|$$

$$\Rightarrow PI_1 = \left|4E'_{2S2p} - 5\,E_{2S2p}\right| \Rightarrow PI_1 = 4\frac{(-13,61) \times Z'^2_{eff}}{n^2} - 5\frac{(-13,61) \times Z^2_{eff}}{n^2}$$

$$PI_1 = 4\frac{(-13,61) \times (4,25)^2}{2^2} - 5\frac{(-13,61) \times (3,9)^2}{2^2} \Rightarrow \boxed{PI_1 = 12,93\ eV}$$

Exercice 2

1) Localisation :

Eléments	Structure électronique	Période	Groupe	Electron de cœur	Electron de valence	Electron célibataire
$_6C$	$1S^2 2S^2 2P^2$	2	IV A	$1S^2$	$2S^2 2P^2$	2 e-
$_{15}P$	$1S^2 2S^2 2P^6 3S^2 3P^3$	3	V A	$1S^2 2S^2 2P^6$	$3S^2 3P^3$	3 e-
$_{23}V$	$1S^2 2S^2 2P^6 3S^2 3P^6 3d^3 4S^2$	4	V B	$1S^2 2S^2 2P^6 3S^2 3P^6$	$3d^3 4S^2$	3 e-
$_{24}Cr$	$1S^2 2S^2 2P^6 3S^2 3P^6 3d^5 4S^1$	4	VI B	$1S^2 2S^2 2P^6 3S^2 3P^6$	$3d^5 4S^1$	6 e-
$_{27}Co$	$1S^2 2S^2 2P^6 3S^2 3P^6 3d^7 4S^2$	4	VIII B	$1S^2 2S^2 2P^6 3S^2 3P^6$	$3d^7 4S^2$	3 e-
$_{30}Zn$	$1S^2 2S^2 2P^6 3S^2 3P^6 3d^{10} 4S^2$	4	II B	$1S^2 2S^2 2P^6 3S^2 3P^6$	$3d^{10} 4S^2$	0 e-
$_{32}Ge$	$1S^2 2S^2 2P^6 3S^2 3P^6 4S^2 3d^{10} 4P^2$	4	IVA	$1S^2 2S^2 2P^6 3S^2 3P^6$	$4S^2 3d^{10} 4P^2$	2e$^-$

2) Classement:

        Dans une colonne: (de haut en bas)

        Quand Z augmente :   le rayon atomique (r_a) augmente

                             Energie d'ionisation et électronégativité diminuent

       Dans une période : (de gauche à droite)

        Quand Z augmente :   le rayon atomique (r_a) diminue

                             Energie d'ionisation (EI) et électronégativité augmentent

a) Energie d'ionisation :

    EI (V) < EI (Cr) < EI (Co) < EI (Zn) < EI (Ge) (par rapport à la même période)

    E_I (Ge) < E_I (C) (par rapport à la même colonne)

b) rayon atomique :

    r_a (Ge) < r_a (Zn) < r_a (Co) < r_a (Cr) < r_a (V) (par rapport à la même période)

    r_a (C) < r_a (Ge) (par rapport à la même colonne)

c) L'électronégativité :

    V < Cr < Co < Zn < Ge (par rapport à la même période)

    Ge < C (par rapport à la même colonne)

Chapitre 6
Liaison chimique

Introduction

À part les gaz inertes (dernière colonne de la classification périodique), qui sont monoatomiques, tous les atomes sont engagés dans des liaisons chimiques, formant des molécules et/ou des solides ou des liquides. D'ailleurs, même les « gaz » inertes finissent par se condenser à très basse température (ou sous pression élevée). Pour classer les liaisons, les deux notions indispensables sont les énergies de liaison (ou leurs opposées : les énergies de dissociation) et les électronégativités des atomes lié, il existe deux types de liaisons, Les liaisons fortes et Les liaisons faibles

I. Les liaisons fortes

Pour briser les liaisons fortes, il faut fournir des énergies de dissociation de l'ordre de 200 à 500 kJ par mole de liaison diatomique (soit environ 50 à 100 kcal par mole ou environ 2 à 5 ev par liaison).On distingue quatre types limites de liaisons fortes:

1- La liaison covalente. Représentation de Lewis

2 -La liaison ionique

3 -La liaison iono-covalente. Moment dipolaire électrique

4 -La liaison métallique

I.1 La liaison covalente.

Les liaisons covalentes (ou homopolaires) s'établissent entre atomes non ionisés et d'électronégativités semblables. Ces liaisons ne s'interprètent qu'en mécanique quantique : des électrons périphériques (électrons de valence, qui sont les électrons des dernières sous-couches) sont mis en commun et forment une ou plusieurs paires d'électrons.

Les électrons de la paire peuvent provenir de chacun des partenaires de la liaison (exemple : O_2, N_2, CH_4, NH_3, H_2O, ...).

Les électrons externes des atomes constituant la molécule sont répartis en paires d'électrons (de spins opposés) : certaines sont liantes (liaisons σ et liaisons π), et d'autres sont non liantes,elles ne participent pas à la liaison. Les paires d'électrons sont aussi appelées doublets d'électrons. Les liaisons covalentes, constituées par les paires liantes sont dirigées.

Lorsqu'il n'y a qu'une liaison covalente, elle est appelée « liaison σ ». C'est toujours une liaison forte. Lorsqu'il y a une liaison double (exemple : O_2) ou triple (exemple : N_2), à la liaison σ viennent s'ajouter une ou deux liaisons π, plus faibles que les liaisons σ, mais encore dans la catégorie des liaisons fortes.

Exemples : selon la Représentation de Lewis

H_2 se représente par H **:** H ou H$-$H

Chaque atome H possède un électron, qu'il met en commun avec l'autre atome, pour former un doublet liant. Chaque atome H est ainsi entouré de 1 +1=2 électrons de valence.

HF se représente par H **:**

$$H : \ddot{\underset{\cdot\cdot}{F}} : \quad \text{ou} \quad H - \overline{F}|$$

L'atome F possède 7 électrons périphériques. Il en met 1 en commun avec H pour former une liaison covalente. Il est ainsi entouré de 7 + 1 =8 électrons périphériques. Alors que H_2 n'a aucun doublet électronique libre, F en a trois dans HF (formés par les 6 électrons non engagés dans la liaison).

$$Cl_2 : \qquad |\overline{Cl} - \overline{Cl}|$$

$$O_2 : \qquad \overline{O} = \overline{O}$$

$$N_2 : \qquad |N \equiv N|$$

$$HCN : \qquad H - C \equiv N|$$

$$H_2CO : \qquad H - \underset{\underset{H}{|}}{C} = \overline{O}$$

Il faut noter que le schéma de Lewis ne donne pas d'indication sur la forme spatiale réelle des molécules. Ainsi l'eau sera représentée par :

$$H_2O : \qquad H : \ddot{\underset{\cdot\cdot}{O}} : H \quad \text{ou} \quad H - \overline{O} - H$$

On sait en réalité que la molécule est coudée, avec un angle de 105°.

La molécule de dioxyde de carbone, en revanche, est effectivement linéaire :

$$CO_2 : \qquad \overline{O} = C = \overline{O}$$

L'ammoniac NH3, représenté :

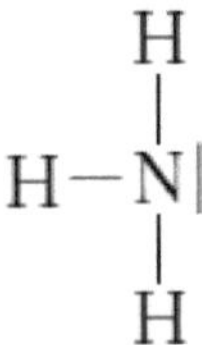

à une forme pyramidale, l'angle entre deux liaisons N–H. L'ion NH_4 a une forme tétraédrique, comme CH_4, mais avec N au centre.

La représentation de Lewis, très commode, ne décrit pas toujours exactement la structure réelle.

I.1.a Composés halogénés

Si les liaisons supplémentaires formées sont assez fortes, l'énergie récupérée pourra compenser l'énergie de promotion au niveau d. On connaît en effet : PCl_5, SF_6, IF_5, IF_7, composés où la forte énergie de liaison avec un halogène permet d'utiliser des niveaux d.

I.1.b Complexes des métaux de transition

Si on dispose de niveaux d accessibles, la difficulté disparaît. Or c'est le cas des métaux de transition, qui possèdent des niveaux d partiellement occupés appartenant à la couche inférieure et l'énergie convenable, rappelons que ce sont eux qui se remplissent progressivement dans les séries de transition, ce qui montre qu'ils constituent alors les niveaux inoccupés d'énergie la plus basse.

I.1.c Composés des gaz rares

➢ N'ont pas d'électron célibataire

➢ Ne peuvent en obtenir par promotion dans les niveaux d

➢ Ne peuvent accepter de doublets (provenant d'une covalence dative) dans ces mêmes niveaux.

➢ Ni en donner : cela revient à éloigner des électrons

I.2 La liaison ionique

Les liaisons ioniques (ou hétéropolaires) se forment entre ions de signes contraires (exemple :Na^+ et Cl^-). Ces liaisons mettent en jeu la force électrostatique classique.

Dans ce cas la liaison n'est pas dirigée dans l'espace : elle n'a pas de direction préférentielle.

Des liaisons ioniques se formeront entre atomes qui donneront facilement des ions positifs (énergie d'ionisation faible) et négatifs (grande affinité électronique).

I.3 La liaison ion-covalente. Moment dipolaire électrique

Les liaisons fortes covalentes ou ioniques sont des cas limites. Il existe tous les intermédiaires, pour lesquels on parle de liaison ion-covalente, c'est-à-dire partiellement ionique et partiellement covalente. Elle se produit lors de l'union d'un élément électronégatif avec un élément d'électronégativité inférieure.

En principe donc, lorsque la liaison se forme entre deux atomes différents, elle est toujours, à un certain degré, partiellement ionique. On peut prendre comme exemples typiques H_2O et HCl.

Dans la molécule H_2O, du fait de la forte électronégativité de O, les électrons des liaisons O−H sont attirés par l'atome O. Ces liaisons (covalentes) sont donc polarisées (c'est-à-dire partiellement ioniques), il apparaît une petite charge positive δ^+ sur H et une petite charge négative δ^- sur O ($\delta < 1$).

I.3.1 Moment dipolaire électrique

Par ailleurs, du fait de la forme coudée de la molécule H_2O (Figure VI.1), cette polarisation des deux liaisons entraîne que le barycentre des charges négatives de la molécule ne coïncide pas avec le barycentre des charges positives (qui se trouve sur l'axe de symétrie entre les deux hydrogènes), de sorte que la molécule a en permanence un moment dipolaire électrique ($\overrightarrow{\mu_1}$).

D'une façon générale, lorsque, dans une molécule, le barycentre des charges positives ne coïncide pas avec le barycentre des charges négatives, la molécule possède un moment dipolaire 'Hélectrique ($\overrightarrow{\mu_1}$). La noncoïncidence (ou la coïncidence) des deux barycentres dépend de la polarisation des liaisons (donc de l'électronégativité des atomes) et de la forme géométrique de la molécule.

Comme la molécule est neutre, les charges des deux barycentres sont égales et opposées.

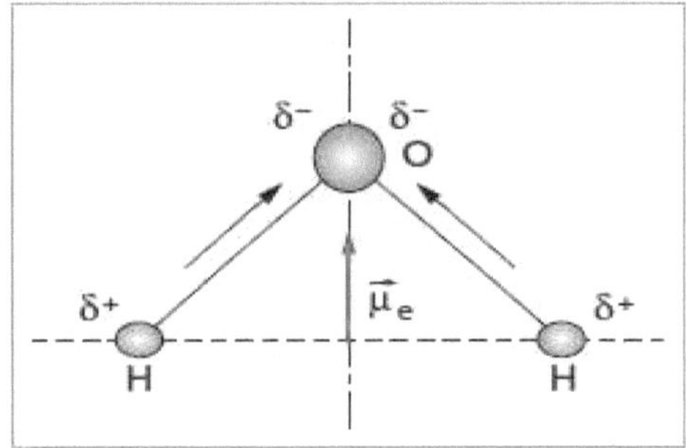

Figure VI.1. La molécule H_2O. Les deux flèches le long des liaisons sont les deux composantes du moment dipolaire électrique.

Soit q la charge positive. Si d est la distance qui sépare les deux barycentres, le moment dipolaire électrique est un vecteur dont le module est, par définition : ($\overrightarrow{\mu_1}$).= q·d

L'unité est le Coulomb. Mètre (C.m) .Mais on utilise habituellement le debye, basé sur l'ancienne unité de charge ues (signifiant « unité électrostatique ») :

1 debye (D) = 10^{-18} ues·cm = 3, 3 $\times 10^{-30}$ C·m.

I.3.2 Molécules polaires

Revenons sur la molécule H_2O. L'existence de son dipôle $\overrightarrow{\mu_1}$ repose à la fois sur la grande différence d'électronégativité entre H et O et sur la forme géométrique de la molécule, en effet, si la molécule était linéaire, H−O−H, elle aurait O au centre de symétrie, et les barycentres des charges positives et négatives seraient confondus sur O.

Une molécule telle que H_2O qui possède un dipôle électrique permanent est dite polaire.

Au contraire, une molécule comme le tétrafluorure de carbone CF_4 (où, pourtant, le F est très électronégatif), ou le tétrachlorure CCl_4, ont une forme telle qu'elles sont non polaires ou apolaires.

Le moment dipolaire de la molécule est la somme géométrique des moments de liaison ($\overrightarrow{\mu_1}$).

Unité des moments dipolaires.

$$\vec{\mu} = \sum \vec{\mu_l} \ldots\ldots\ldots Eq : VI.1$$

En revanche, dès qu'on considère les moments dipolaires des molécules polyatomiques, la forme de la molécule a une énorme importance. Ainsi BF_3 a la forme d'un triangle équilatéral avec le bore au centre, chaque liaison BF est polarisée de la même manière, mais lorsqu'on fait la somme des trois moments dipolaires des trois liaisons, la résultante est nulle.CF_4 et CCl_4 ont quatre liaisons fortement polarisées, mais la disposition de ces liaisons en tétraèdre régulier (avec le carbone au centre) implique une résultante nulle,la somme des quatre moments dipolaires de chaque liaison CF ou CCl est nulle (figure. VI.2).

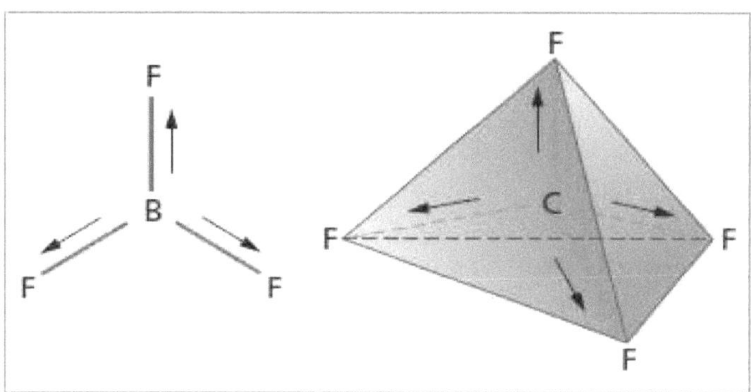

Figure VI.2. Composantes du moment dipolaire des molécules BF3 et CF4.

I.4 Liaison métallique

La liaison métallique s'établit entre des atomes d'électronégativités faibles et possédantes peu d'électrons sur leur couche externe, mais elle ne peut se former que s'il y a un nombre suffisamment grand de tels atomes. C'est pourquoi on ne l'observe guère que dans certains solides ou liquides. Comme la liaison ionique, ce n'est pas une liaison dirigée.

II. Les liaisons faibles

Les liaisons faibles ont des énergies de dissociation allant d'environ 1 à 40 kJ·mol^{-1}, en tout cas moins de 50 kJ·mol^{-1}. Ces liaisons sont dues à des forces de cohésion qui s'exercent entre atomes incapables de former des liaisons de valence ou entre molécules où les possibilités de liaisons fortes sont déjà saturées. Il existe deux types de liaisons : La liaison hydrogène et Les liaisons de van der Waals.

II.1 La liaison hydrogène

La liaison hydrogène se produit entre un atome d'hydrogène déjà lié à un atome très électronégatif, et un autre atome très électronégatif qui est, lui aussi, déjà engagé dans une molécule.

En pratique, les atomes très électronégatifs susceptibles de participer à des liaisons hydrogène sont seulement F, O, N, et Cl. Ces atomes, bien que déjà liés, attirent également l'hydrogène des molécules voisines lorsqu'il est lui-même lié à un atome électronégatif.

L'hydrogène a ainsi tendance à se partager entre les deux molécules et forme entre elles une liaison hydrogène. On dit aussi que les deux atomes électronégatifs (O, F, etc.) sont reliés par un pont hydrogène : $F-H\cdots F$, $O-H\cdots O$, $O-H\cdots N$, $N-H\cdots N$, etc.

Exceptionnellement, la liaison H peut être forte au point de placer le proton à mi-distance des atomes des molécules auxquelles il est lié,c'est le cas dans l'ion $(F-H-F)$. En tous les cas, la liaison H est dirigée, comme la liaison covalente, et au contraire des liaisons ioniques, métalliques et de Johannes Diderik van der Waals connu sous le nom de la liaison de devan der Waals.

II.2 Les liaisons de van der Waals

Les liaisons de van der Waals sont en général très faibles (exemples : He, Ne, Ar liquides ou solides), mais peuvent parfois être plus fortes (exemple : iode I_2 solide, un des deux types de liaison du graphite). Ce sont elles qui sont la cause de la condensation en liquide ou en solide de toutes les molécules ou atomes à basse température, lorsqu'il n'y a pas d'autres liaisons plus fortes à l'œuvre. Outre les « gaz » inertes, H_2, O_2, N_2, F_2, Cl_2, etc. se condensent grâce aux liaisons de van der Waals entre les molécules.

Les liaisons de van der Waals proviennent de l'attraction entre dipôles électriques permanents (pour les molécules polaires) ou induits dans les atomes ou molécules.

Un exemple biochimique de l'importance des liaisons H : la molécule d'ADN.

L'acide désoxyribonucléique (ADN) est un des acides nucléiques. C'est une molécule géante qui conserve l'information génétique de l'organisme entier auquel il appartient.

La structure de base de la molécule, composée de deux chaînes polymériques hélicoïdales reliées entre elles par de nombreux ponts hydrogène, a été déterminée (Crick etWatson, 1953) en grande partie grâce aux résultats de la diffraction des rayons X sur de l'ADN cristallisé

(Wilkins). Chaque hélice est une longue chaîne constituée d'une alternance régulière de groupes orthophosphates

PO_4^- et de molécules d'un glucide, le désoxyribose, reliés ensembles. Sur chaque désoxyribose est attachée par des liaisons covalentes une des 4 bases azotées suivantes : adénine (A), cytosine (C), guanine (G), et thymine(T) (figures VI.3 et VI.4). L'autre chaîne hélicoïdale (enroulée dans le même sens) est semblable à la première, et les deux brins hélicoïdaux sont accrochés par leurs bases azotées, cet accrochage se faisant par des liaisons hydrogène

N−H· · ·O et N· · ·H−N, de telle façon qu'une adénine d'une hélice soit toujours liée à une thymine de l'autre hélice (A−T), et une cytosine toujours liée à une guanine

(C−G).

L'information génétique est codée par la séquence de bases A, C, G ou T le long d'une chaîne (la séquence associée de l'autre chaîne étant alors forcément déterminée).

Un groupe de 3 bases est appelé un codon et constitue le « patron » d'un acide aminé particulier, c'est cet acide aminé qui sera construit et inséré dans une protéine synthétisée dans la cellule. Il se trouve que toutes les protéines naturelles sont construites à partir de seulement 20 acides a-aminés. En prenant 3 bases parmi les 4 possibles, on peut construire $4^3 = 64$ codons distincts, AAA, AAC, ACG, TCT, etc. Sous l'action d'une enzyme, les liaisons H sont rompues sur une certaine longueur, les deux brins de l'ADN se séparent provisoirement et l'un des brins sert de matrice pour construire une chaîne semblable appelée ARN-messager (ARN = acide ribonucléique), de structure analogue à l'ADN, mais où la thymine (T) est remplacée par une autre base azotée, l'uracile (U).

L'information constituée par la succession des codons est ainsi reproduite sur l'ARN messager qui ensuite se détache (pendant que les deux brins de l'ADN se rattachent, toujours par l'action des liaisons H), et va transmettre l'information là où la synthèse la protéine doit se produire (sur un ribosome).

Sur les 64 codons, 61 définissent un des 20 acides a-aminés et 3 sont des signaux de terminaison. Le code est redondant : un même acide aminé correspond à plusieurs codons. Par exemple, l'alanine est définie par 4 codons distincts : GCG, GCA, GCC,

GCT (U à la place de T sur l'ARN-messager).

Seul le tryptophanc est déterminé par un seul codon : TGG (sur l'ADN) ou UGG (sur l'ARN-messager). Ce code est universel pour tous les êtres vivants : le même codon définit le même acide **a**-aminé aussi bien dans la levure de bière que chez l'homme.

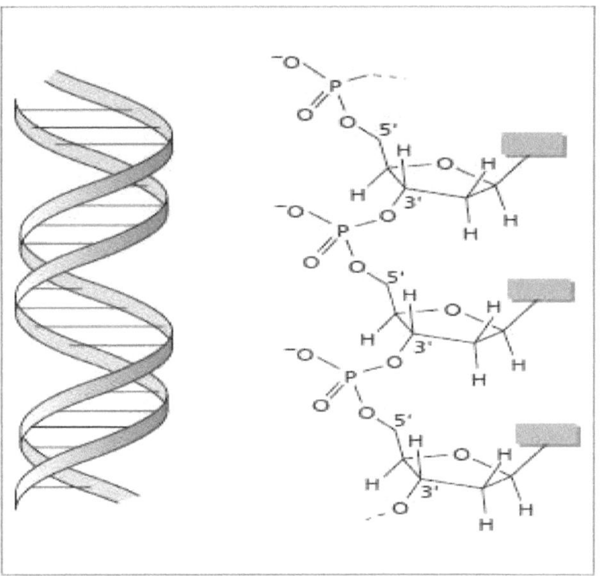

Figure VI.3 La double hélice. b. Une des deux hélices. [17]

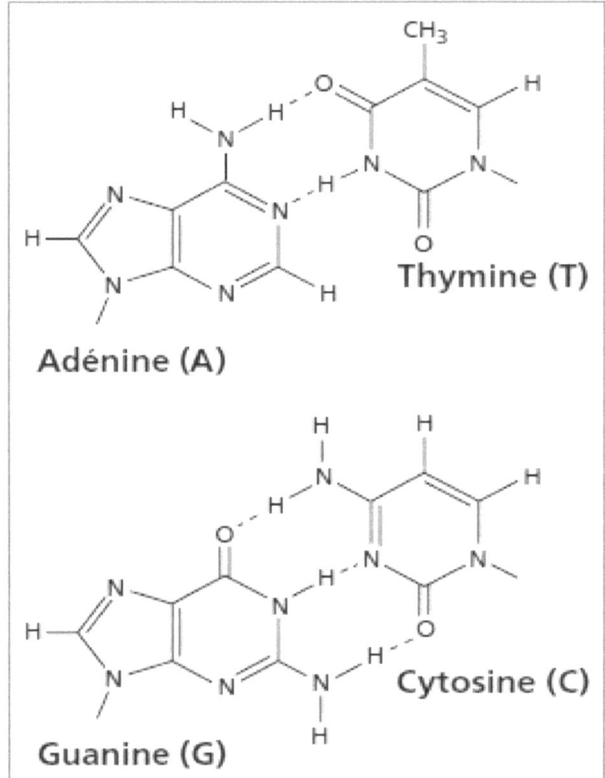

Figure VI.4. Les ponts hydrogène entre les deux hélices.

III. Diagramme des niveaux énergétiques des orbitales moléculaires OM

On applique le principe de construction, comme il n'y a que deux électrons, on remplit l'OM liante σ_1 les spins étant antiparallèles. La configuration électronique de H_2 à l'état fondamental est donc σ_2. À ne pas confondre avec la densité électronique !

On représente souvent un diagramme plus ou moins qualitatif des niveaux d'énergie pour les OM. Comme les énergies varient avec R, il faut préciser pour quelle valeur particulière de R on a tracé ce diagramme : L'état fondamental $E^{\sigma_i}(R)$ de H_2. Le diagramme des niveaux de H_2 est représenté sur la Figure VI.5. Ils ont tracé parallèlement deux axes des ordonnées, un pour chaque atome, sur lesquels figurent les niveaux des orbitales atomique OA de chaque atome. Les lignes de rappel en pointillé indiquent quelles OA ont été combinées linéairement pour obtenir l'OM dont le niveau est dessiné au milieu.

Les deux niveaux des OM ne sont pas décalés vers le haut et vers le bas de la même quantité d'énergie : le décalage vers le haut (niveau antiliant) est toujours plus grand.

Expérimentalement, ils peuvent mesurer l'énergie de dissociation D de H_2, ainsi que la longueur de la liaison $H - H$ à l'équilibre R_0 :

$D(H_2) = 2E(H) - E\ (H_2\ \text{à}\ R_0) = 4,74$ eV

$R_0 = 0,74$ Å

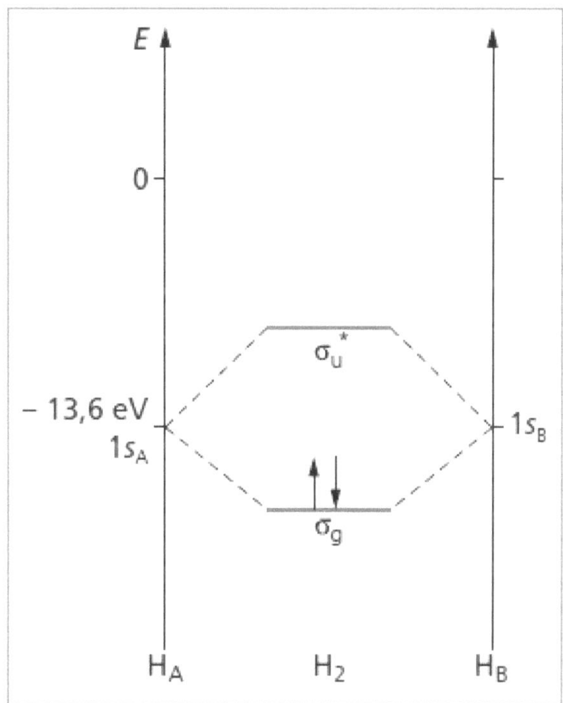

Figure VI.5 Diagramme des niveaux énergétiques des OM de H2.

Exercice 01

I Représenter à l'aide de diagramme de Lewis dans les molécules et les ions moléculaires suivants :

HCN, $HClO_4$, NO_2^+, ClO^-

II La molécule HF possède un moment dipolaire $\mu = 1,83$ Debye et une longueur de liaison $d = 0,92$ A°. Calculer le pourcentage ionique de cette liaison.

Exercice 01

HCN

$_7$N : $1S^2\ 2S^2\ 2p^3$ 　　　　　　5 électrons de valence : 1 doublet et 3 électrons célibataires

$_1$H : $1s^1$

$_6$C : $1S^2\ 2S^2\ 2p^2$

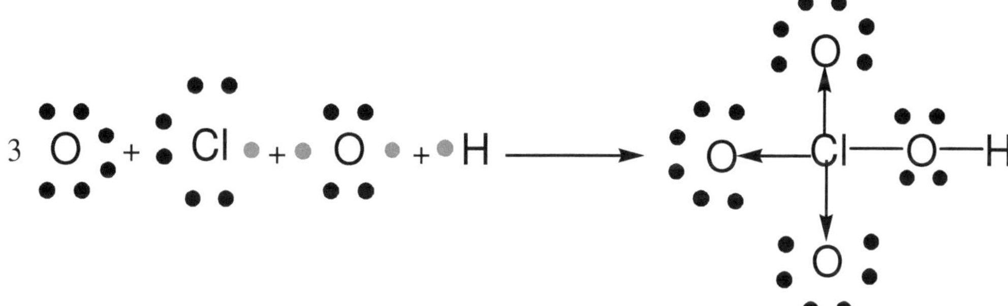

$HClO_4$

NO_2^+

ClO^-

II Pourcentage de caractère ionique

$$CI = \frac{(\mu_{AB})_{exp}}{(\mu_{AB})_{ion}} \times 100 \Rightarrow CI = \frac{(\mu_{AB})_{exp}}{e^- \times d} \times 100 \Rightarrow$$

$$CI = \frac{1,83 \times 3,33 \times 10^{-30}}{1,602 \times 10^{-19} \times 0,92 \times 10^{-10}} \times 100 \Rightarrow \boxed{CI = 41,35\%}$$

Édition : BoD – Books on Demand, info@bod.fr

Impression : BoD – Books on Demand, In de Tarpen 42, Norderstedt (Allemagne)

Impression à la demande

ISBN : 978-2-3224-4369-7

Dépôt légal : Août 2022